ISBN: 9781699794845

Seguridad e Higiene Industrial *Ing. Miguel D'Addario*

Manual de
Seguridad e Higiene Industrial

Fundamentos, aplicaciones, infografías y cuestionarios

Ing. Miguel D'Addario

Primera edición

CE

2019

Seguridad e Higiene Industrial Ing. Miguel D'Addario

Índice

Introducción / 11
    Conceptos de higiene y seguridad industrial
    Desarrollo histórico de seguridad industrial - 12
    Generalidades sobre la seguridad de la empresa
    Seguridad Industrial, la importancia de su programación - 14
    Programa de las 5 S. Objetivos de las 5 S
    Beneficios de las 5 S. Definición de las 5 S - 16
    1. Clasificar (Seiri). 2. Ordenar (Seiton)
    3. Limpieza (Seiso). 4. Estandarizar (Seiketsu) - 20
    5. Disciplina (Shitsuke). Justo a Tiempo - (JIT - Just inTime)
    Seguridad de las operaciones - 25
    Riesgos mecánicos. Riesgos en la maquinaria y equipo
    Riesgos eléctricos. Riesgos químicos - 30
    Riesgos del manejo de materiales y sustancias radioactivas
    Contenido de un plan de respuesta de emergencia - 35
    Alcance e introducción. Medidas para notificar y dar alerta
    Responsabilidades del coordinador en el lugar del accidente
    Técnicas de control y descontaminación - 37
    Eliminación de contaminantes
    Métodos de restauración en el lugar del accidente - 39
    Inventario de recursos. Relaciones públicas
    Toxicología industrial. Toxicología ocupacional - 40
    Riesgos industriales para la salud. Control del ambiente
    Ruido industrial. Definición de Sonido y Ruido - 46
    Clasificación del Sonido según su variación
    Fisiología de la audición. Intensidad del ruido - 48
    Niveles permisibles de ruido en el tiempo de trabajo

Historia / 51
    Historia de la Seguridad Industrial
    Legislaciones varias. La seguridad en la empresa - 52
    Antecedentes históricos

Higiene del trabajo / 57
    Conceptos básicos de la higiene industrial
    Importancia de la higiene laboral
    Ramas de la higiene industrial
    Medicina del trabajo. Ergonomía. Seguridad industrial - 58
    Higiene general. Control ambiental
    Unidades de medida. Factores de conversión y equivalencia
    Ramas de la higiene industrial - 61
    Tipos de valores limite en distintos países

Seguridad e Higiene Industrial *Ing. Miguel D'Addario*

Antigua URSS. Estados Unidos y países occidentales - 65
Declaración de principios para el uso de los TLV´s y BEI´s
Otros parámetros utilizados. Criterios vigentes en España - 69
La Comisión Nacional de Seguridad y Salud en el Trabajo ha acordado recomendar. Límites de exposición profesional para agentes químicos en España. Objetivo y ámbito de aplicación
Definiciones. En este libro se consideran dos tipos de indicadores biológicos. Valores limite ambientales (VLA) - 78
Lista de valores límite ambientales de exposición profesional
Normativa derivada de Directivas CE - 81
Encuesta higiénica. Son funciones de higiene analítica
Análisis preparatorio. Análisis instrumental - 83
El método analítico. Características del método analítico
Evaluación del riesgo higiénico. Caso de un contaminante - 85
Evaluaciones periódicas

Agentes contaminantes / 90
Los agentes contaminantes se clasifican
Vías de entrada del agente contaminante al organismo - 91
Medidas de detección de agentes contaminantes
En el organismo. Enfermedades profesionales - 92
Medidas de prevención de enfermedades profesionales
Las enfermedades causadas por ruidos se pueden prevenir
Medicina del trabajo. Primeros auxilios. Beneficios - 93
Qué se debe hacer. Vendas. Vendaje. Botiquín
Exámenes medico periódicos - 95
Comisiones mixtas de higiene y seguridad

Agentes biológicos / 98
Enfermedades transmisibles. Propagación en el medio laboral
Tipos de agentes biológicos. Contaminantes biológicos - 100
Hábitats y medios de propagación
Actividades en las que están presentes los agentes biológicos
Industrias alimentarias. Industrias lácteas - 102
En seres humanos. Dos tipos de Brucella
Industrias del proceso de aceites vegetales - 103
Enfermedades cutáneas (dermatitis)
Industrias de la harina y derivados - 104
Industrias del refinado del azúcar
Industrias de conservas vegetales. Industrias cárnicas - 105
Clasificación por especies. Bacterias. Virus. Hongos. Parásitos

Organización de la seguridad industrial / 108
Elementos de la programación de la seguridad industrial
Capacitación del personal proceso de enseñanza-aprendizaje

Determinación de las necesidades de capacitación - 111
Justificación económica. Análisis del trabajo
Técnicas de la enseñanza. Planeación de la capacitación - 116
Motivación e incentivos

Cuestionario 1 / *122*

Cuestionario 2 / *128*

Cuestionario 3 / *130*

Cuestionario 4 / *131*

Higiene en el lugar de trabajo / *133*
Métodos para utilizar ¿Cómo podemos higienizar?
Características del agua. Responsable ¿Quién higieniza? - 136
Criterios para realizarlo ¿En qué se basa la higienización?

Equipos de Protección Individual (EPI) / *138*
Objetivos del procedimiento
Políticas de operación del procedimiento - 139
Normas de operación del procedimiento
Descripción narrativa. Diagrama de flujo - 140
Identificar los riesgos. Equipo de seguridad
¿Quién debe proporcionar el equipo de protección? - 141
Equipos más usados. Protección de la cabeza
Protección para los oídos. Protección para la cara y los ojos
Protección de las vías de respiración - 143
Protección del cuerpo y los miembros. EPIs
Consecuencias derivadas de las condiciones de seguridad
Utilización y mantenimiento de los EPI's - 147

Cuestionario 5 / *148*

Cuestionario 6 / *150*

Cuestionario 7 / *151*

Legionella / *155*
Acerca de la Legionella. Desarrollo de la bacteria
Condiciones para la infección. Normativa aplicable - 156
Aplicación de la normativa. Ámbito de aplicación
Instalaciones de riesgo. Medidas preventivas generales - 158
Mantenimiento. Responsabilidades

Seguridad e Higiene Industrial *Ing. Miguel D'Addario*

Prevención de Incendios / 160
    En caso de incendio ¿Qué hacer?
    He aquí lo que se debe saber - 163
    Conozca la localización y el uso de los extintores
    Significado de las letras que poseen los extintores - 165
    Tengamos en cuenta los siguientes puntos

Recomendaciones y consejos finales / 167
    Programa de seguridad. Los accidentes tienen causas
    Los casi-accidentes son advertencias. Inspecciones - 174
    Los avisos tienen un significado. La seguridad es algo personal
    Accidentes graves. Trabajar en equipos evita accidentes - 180
    Buenos hábitos. Para establecer un buen hábito hay 3 pasos simples. Bromas peligrosas. Qué hacer en caso de accidente grave. EPIs. Para la seguridad y comodidad, todo se resume en lo siguiente - 186
    Hay algunas cosas que provocan accidentes en los vestuarios
    Orden y limpieza. El desorden y el desaseo causan dificultades
    Pasillos y corredores. Vigile sus pasos - 192
    Usar una escalera apropiadamente. Herramientas
    Cuatro reglas p/ herramientas manuales. La electricidad - 204
    Levantar cosas pesadas. Apilar materiales. Proteger las manos
    Seguridad en el hogar. Yendo a trabajar (Accidente in itinere)
    Cuando realiza trabajos limpieza. Oficinas. Ordenadores - 217
    Archivadores. Tareas específicas - 220

Cuestionario 8 / 222

Cuestionario 9 / 224

Cuestionario 10 / 228

Glosario de Términos / 232

Bibliografía / 257

Introducción

Conceptos de higiene y seguridad industrial

Disciplina no médica que estudia, valora y propone soluciones para evitar enfermedades personales.

La Higiene Industrial es el conjunto de conocimientos y técnicas dedicados a reconocer, evaluar y controlar aquellos factores del ambiente, psicológicos y tensiónales, que provienen del trabajo y pueden causar enfermedades o deteriorar la salud.

La seguridad industrial en el concepto moderno significa más que una simple situación de seguridad física, una situación de bienestar personal, un ambiente de trabajo idóneo, una economía de costos importantes y una imagen de modernización.

La Seguridad Industrial es la técnica que estudia y norma la prevención de actos y condiciones inseguros causantes de los accidentes de trabajo. Conforma un conjunto de conocimientos técnicos que se aplican en la reducción, control y eliminación de accidentes en el trabajo, previo estudio de sus causas. Se encarga además de prevenir los accidentes de trabajo.

La seguridad en el trabajo es responsabilidad tanto de las autoridades como de los empleados y los trabajadores.

La Higiene Industrial también se le conoce como higiene del trabajo, así como higiene laboral. Tiene por objetivo la prevención de las enfermedades profesionales a través de la aplicación de técnicas de ingeniería que actúan sobre los agentes contaminantes del ambiente de trabajo, ya sean físicos, químicos o biológicos.

-Identificación (problema higiénico de la empresa)
-Medición (cuantificar las repercusiones del problema)
Tiempo de exposición (duración del problema en la empresa)
-Criterios de valoración (criterios técnicos y datos de laboratorio)
-Valoración (control ambiental)

Desarrollo histórico de seguridad industrial
-Año 900 A.C. Hipócrates recomendaba a los mineros el uso de los baños higiénicos para evitar la saturación de plomo.
-Platón y Aristóteles estudiaron ciertas deformaciones físicas producidas por actividades ocupacionales, planteando su prevención.
-Con la Rev. Francesa se establecen corporaciones de seguridad destinadas a resguardar a los artesanos.
-La Revolución Industrial marcó el inicio de la seguridad industrial como consecuencia de la aparición de la fuerza de vapor y la mecanización.
-El nacimiento de la fuerza industrial y la seguridad industrial no fueron simultaneas.
-Para 1833, se realizaron las primeras inspecciones gubernamentales.
-Para 1850, se empezaron a ver mejoras.
-En 1867, se promulgo una ley prescribiendo el nombramiento de inspectores en Massachusetts.
-Para 1871, el 50% de los trabajadores morían antes de los 20 años debido a los accidentes.
-En 1874, Francia aprobó una ley estableciendo un servicio especial de inspección a talleres.

-En 1877, se aprobó en Massachusetts la primera ley que exigió la protección de maquinaria peligrosa.

-En 1887, se pone la primera piedra de la seguridad industrial moderna cuando en París se establece una empresa que asesora a los industriales.

-En 1900, la mayoría de los estados altamente industrializados, tenían por lo menos alguna forma de leyes protectoras, respaldadas por inspecciones a las fábricas.

-En este siglo la seguridad en trabajo alcanza su máxima expresión al crearse la Asociación Internacional de Protección a los Trabajadores.

-En la actualidad la OTI, Oficina Internacional del Trabajo, constituye el organismo rector de los principios de la seguridad del trabajador.

Generalidades sobre la seguridad de la empresa

La seguridad y la higiene en el trabajo son aspectos que deben tenerse en cuenta en el desarrollo de la vida laboral de la empresa, esa es su importancia. Su regulación y aplicación por todos los elementos de esta se hace imprescindible para mejorar las condiciones de trabajo.

Aunque su conocimiento en profundidad sea necesario para los trabajadores, cobra un especial interés en los mandos responsables de las empresas ya que de ellos se exige lograr la máxima productividad sin que ello ponga en peligro vidas humanas o pérdidas en materiales y equipos.

El enfoque técnico-científico da una visión de conjunto de la seguridad y la higiene en la empresa siguiendo técnicas analíticas, operativas y de gestión es símbolo de desarrollo. Los responsables de la seguridad e higiene deben saber que hacer en cada caso, cómo hacerlo, y cómo conseguir que lo hagan los demás y, sobre todo, que se haga bien.

Una buena prevención de los riesgos profesionales, basados en un profundo conocimiento de las causas que los motivan y en las posibilidades que hay a nuestro alcance para prevenir los problemas, evitarán consecuencias muy negativas para el perfecto desarrollo de la vida laboral.

La competitividad tan exigida puede lograrse mediante la integración de la seguridad e higiene del trabajo en todos los campos profesionales de la empresa.

Seguridad Industrial, la importancia de su programación

El objetivo de la seguridad industrial radica en la prevención de los accidentes de trabajo. El control de la seguridad necesita acción, pero los pasos a tomar deben ser aceptables. Han de alcanzar su objetivo sin interferir de manera significativa con otros propósitos que puedan ser afectados. Frecuentemente parece que los requisitos de seguridad chocan con restricciones fiscales, de conveniencia, y otros factores. Cuando la necesidad para la acción se reconoce como suficiente, puede anteponerse a otros requisitos. Pero incluso entonces, habrá que considerar otras prioridades, y quizá no se optimicen los controles de seguridad. Se han adoptado ciertas consideraciones lógicas en la programación de la seguridad industrial, las que pueden ser generalizadas, formando cuatro pasos básicos en un programa convencional.

-Análisis de los casos (identificar causas, determinar tendencias y realizar evaluaciones).

-Comunicación (relación informativa de los conocimientos obtenidos del análisis de los casos).

-Inspección (observación del cumplimiento, detección de condiciones de falta de seguridad).

-Entrenamiento (orientar hacia responsabilidades de seguridad).

-Higiene industrial importancia de su metodología.

Programa de las 5 S

Este concepto se refiere a la creación y mantenimiento de áreas de trabajo más limpias, más organizadas y seguras, es decir, se trata de imprimirle mayor "calidad de vida" al trabajo.

Las 5'S provienen de términos japoneses que diariamente ponemos en práctica en nuestra vida cotidiana y no son parte exclusiva de una "cultura japonesa" ajena a nosotros, es más, todos los seres humanos, o casi todos, tenemos tendencia a practicar o hemos practicado las 5'S, aunque no nos demos cuenta.

Las 5'S son:
1. Clasificar, organizar o arreglar apropiadamente: Seiri.
2. Ordenar: Seiton.
3. Limpieza: Seiso.
4. Estandarizar: Seiketsu.
5. Disciplina: Shitsuke.

Cuando nuestro entorno de trabajo está desorganizado y sin limpieza perderemos la eficiencia y la moral en el trabajo se reduce.

Objetivos de las 5 S

El objetivo central de las 5 S es lograr el funcionamiento más eficiente y uniforme de las personas en los centros de trabajo

Beneficios de las 5 S

La implantación de una estrategia de 5 S es importante en diferentes áreas, por ejemplo, permite eliminar despilfarros y por otro lado permite mejorar las condiciones de seguridad industrial, beneficiando así a la empresa y sus empleados. Algunos de los beneficios que genera las estrategias de las 5 S son:

-Mayores niveles de seguridad que redundan en una mayor motivación de los empleados.
-Mayor calidad.
-Tiempos de respuesta más cortos.
-Aumenta la vida útil de los equipos.
-Genera cultura organizacional.
-Reducción en las pérdidas y mermas por producciones con defectos.

Definición de las 5 S

<u>1. Clasificar (Seiri)</u>

Clasificar consiste en retirar del área o estación de trabajo todos aquellos elementos que no son necesarios para realizar la labor, ya sea en áreas de producción o en áreas administrativas. Una forma efectiva de identificar estos elementos que habrán de ser eliminados se denomina "etiquetado en rojo". En efecto una tarjeta roja (de expulsión) es colocada a cada artículo que se considera no necesario para la operación. Enseguida, estos artículos son llevados a un área de almacenamiento transitorio. Más tarde, si se confirmó que eran innecesarios, estos se dividirán en dos clases, los que son utilizables para otra operación y los inútiles que serán descartados. Este paso de ordenamiento es una manera excelente de liberar espacios de piso desechando cosas tales como: herramientas rotas, aditamentos o herramientas obsoletas, recortes y excesos de materia prima. Este paso también ayuda a eliminar la mentalidad de "Por si acaso".

Clasificar consiste en:

Separar en el sitio de trabajo las cosas que realmente sirven de las que no sirven Clasificar lo necesario de lo innecesario para el trabajo rutinario Mantener lo que necesitamos y eliminar lo excesivo. Separa los elementos empleados de acuerdo a su naturaleza, uso, seguridad y frecuencia de utilización con el objeto de facilitar la agilidad en el trabajo. Organizar las herramientas en sitios donde los cambios se puedan realizar en el menor tiempo posible. Eliminar elementos que afectan el funcionamiento de los equipos y que pueden producir averías. Eliminar información innecesaria y que nos pueden conducir a errores de interpretación o de actuación

Beneficios de clasificar:

Al clasificar se preparan los lugares de trabajo para que estos sean más seguros y productivos. El primer y más directo impacto está relacionado con la seguridad. Ante la presencia de elementos innecesarios, el ambiente de trabajo es tenso, impide la visión completa de las áreas de trabajo, dificulta observar el funcionamiento de los equipos y máquinas, las salidas de emergencia quedan obstaculizadas haciendo todo esto que el área de trabajo sea más insegura.

Clasificar permite:

-Liberar espacio útil en planta y oficinas

-Reducir los tiempos de acceso al material, documentos, herramientas y otros elementos

-Mejorar el control visual de stocks (inventarios) de repuesto y elementos de producción, carpetas con información, planos, etc.

-Eliminar las pérdidas de productos o elementos que se deterioran por permanecer un largo tiempo expuestos en un ambiente no adecuado para ellos; por ejemplo, material de empaque, etiquetas, envases plásticos, cajas de cartón y otros

-Facilitar control visual de las materias primas que se van agotando y que requieren para un proceso en un turno, etc.

-Preparar las áreas de trabajo para el desarrollo de acciones de mantenimiento autónomo, ya que se puede apreciar con

facilidad los escapes, fugas y contaminaciones existentes en los equipos y que frecuentemente quedan ocultas por los elementos innecesarios que se encuentran cerca de los equipos

2. Ordenar (Seiton)

Consiste en organizar los elementos que hemos clasificado como necesarios de modo que se puedan encontrar con facilidad. Ordenar en mantenimiento tiene que ver con la mejora de la visualización de los elementos de las máquinas e instalaciones industriales. Algunas estrategias para este proceso de "todo en su lugar" son: pintura de pisos delimitando claramente áreas de trabajo y ubicaciones, tablas con siluetas, así como estantería modular y/o gabinetes para tener en su lugar cosas como un bote de basura, una escoba, trapeador, cubeta, etc., es decir, "Un lugar para cada cosa y cada cosa en su lugar."

El ordenar permite:

-Disponer de un sitio adecuado para cada elemento utilizado en el trabajo de rutina para facilitar su acceso y retorno al lugar.

-Disponer de sitios identificados para ubicar elementos que se emplean con poca frecuencia. Disponer de lugares para ubicar el material o elementos que no se usarán en el futuro.

-En el caso de maquinaria, facilitar la identificación visual de los elementos de los equipos, sistemas de seguridad, alarmas, controles, sentidos de giro, etc. Lograr que el equipo tenga protecciones visuales para facilitar su inspección autónoma y control de limpieza. Identificar y marcar todos los sistemas auxiliares del proceso como tuberías, aire comprimido, combustibles. Incrementar el conocimiento de los equipos por parte de los operadores de producción.

Beneficios de ordenar:

Beneficios para el trabajador.

Facilita el acceso rápido a elementos que se requieren para el trabajo.

Se mejora la información en el sitio de trabajo para evitar errores y acciones de riesgo potencial.

El aseo y limpieza se pueden realizar con mayor facilidad y seguridad.

La presentación y estética de la planta se mejora, comunica orden, responsabilidad y compromiso con el trabajo.

Se libera espacio.

El ambiente de trabajo es más agradable.

La seguridad se incrementa debido a la demarcación de todos los sitios de la planta y a la utilización de protecciones transparentes especialmente los de alto riesgo.

Beneficios organizativos:

-La empresa puede contar con sistemas simples de control visual de materiales y materias primas en stock de proceso.

-Eliminación de pérdidas por errores.

-Mayor cumplimiento de las órdenes de trabajo.

-El estado de los equipos se mejora y se evitan averías.

-Se conserva y utiliza el conocimiento que posee la empresa.

-Mejora de la productividad global de la planta.

3. Limpieza (Seiso)

Limpieza significa eliminar el polvo y suciedad de todos los elementos de una fábrica. Desde el punto de vista del TPM implica inspeccionar el equipo durante el proceso de limpieza. Se identifican problemas de escapes, averías, fallos o cualquier tipo de Fuguai (defecto). Limpieza incluye, además de la actividad de limpiar las áreas de trabajo y los equipos, el diseño de aplicaciones que permitan evitar o al menos disminuir la suciedad y hacer más seguros los ambientes de trabajo.

Para aplicar la limpieza se debe:

Integrar la limpieza como parte del trabajo diario.

Asumir la limpieza como una actividad de mantenimiento autónomo: "la limpieza es inspección".

Se debe abolir la distinción entre operario de proceso, operario de limpieza y técnico de mantenimiento.

El trabajo de limpieza como inspección genera conocimiento sobre el equipo.

No se trata de una actividad simple que se pueda delegar en personas de menor calificación.

No se trata únicamente de eliminar la suciedad.

Se debe elevar la acción de limpieza a la búsqueda de las fuentes de contaminación con el objeto de eliminar sus causas primarias.

Beneficios de la limpieza:

Reduce el riesgo potencial de que se produzcan accidentes.

Mejora el bienestar físico y mental del trabajador.

Se incrementa la vida útil del equipo al evitar su deterioro por contaminación y suciedad.

Las averías se pueden identificar más fácilmente cuando el equipo se encuentra en estado óptimo de limpieza.

La limpieza conduce a un aumento significativo de la Efectividad Global del Equipo (OEE).

Se reducen los despilfarros de materiales y energía debido a la eliminación de fugas y escapes.

La calidad del producto se mejora y se evitan las pérdidas por suciedad y contaminación del producto y empaque.

4. Estandarizar (Seiketsu)

El estandarizar pretende mantener el estado de limpieza y organización alcanzado con la aplicación de las primeras 3's. El estandarizar sólo se obtiene cuando se trabajan continuamente los tres principios anteriores. En esta etapa o fase de aplicación (que debe ser permanente), son los trabajadores quienes adelantan programas y diseñan mecanismos que les permitan beneficiarse a sí mismos. Para generar esta cultura se pueden utilizar diferentes herramientas, una de ellas es la localización de fotografías del sitio de trabajo en condiciones óptimas para que pueda ser visto por todos los empleados y así recordarles que ese es el estado en el que debería permanecer, otra es el desarrollo de unas normas en las cuales se especifique lo que debe hacer cada empleado con respecto a su área de trabajo.

La estandarización pretende:

Mantener el estado de limpieza alcanzado con las 3 primeras S.

Enseñar al operario a realizar normas con el apoyo de la dirección y un adecuado entrenamiento.

Las normas deben contener los elementos necesarios para realizar el trabajo de limpieza, tiempo empleado, medidas de seguridad a tener en cuenta y procedimiento a seguir en caso de identificar algo anormal.

En lo posible se deben emplear fotografías de cómo se debe mantener el equipo y las zonas de cuidado.

El empleo de los estándares se debe auditar para verificar su cumplimiento.

Las normas de limpieza, lubricación y aprietes son la base del mantenimiento autónomo (Jishu Hozen).

Beneficios de estandarizar:

-Se guarda el conocimiento producido durante años de trabajo.

-Se mejora el bienestar del personal al crear un hábito de conservar impecable el sitio de trabajo en forma permanente.

-Los operarios aprenden a conocer con detenimiento el equipo.

-Se evitan errores en la limpieza que puedan conducir a accidentes o riesgos laborales innecesarios.

-La dirección se compromete más en el mantenimiento de las áreas de trabajo al intervenir en la aprobación y promoción de los estándares.

-Se prepara el personal para asumir mayores responsabilidades en la gestión del puesto de trabajo.

-Los tiempos de intervención se mejoran y se incrementa la productividad de la planta.

5. Disciplina (Shitsuke)

Significa evitar que se rompan los procedimientos ya establecidos. Solo si se implanta la disciplina y el cumplimiento de las normas y procedimientos ya adoptados se podrá disfrutar de los beneficios que ellos brindan. La disciplina es el canal entre las 5'S y el mejoramiento continuo. Implica control periódico, visitas sorpresa, autocontrol de los empleados, respeto por sí mismo y por los demás y mejor calidad de vida laboral, además:

-El respeto de las normas y estándares establecidos para conservar el sitio de trabajo impecable.

-Realizar un control personal y el respeto por las normas que regulan el funcionamiento de una organización.

-Promover el hábito de autocontrolar o reflexionar sobre el nivel de cumplimiento de las normas establecidas.

-Comprender la importancia del respeto por los demás y por las normas en las que el trabajador seguramente ha participado directa o indirectamente en su elaboración.

-Mejorar el respeto de su propio ser y de los demás.

Beneficios de estandarizar:

-Se crea una cultura de sensibilidad, respeto y cuidado de los recursos de la empresa.

-La disciplina es una forma de cambiar hábitos.

-Se siguen los estándares establecidos y existe una mayor sensibilización y respeto entre personas.

-La moral en el trabajo se incrementa.

-El cliente se sentirá más satisfecho ya que los niveles de calidad serán superiores debido a que se han respetado íntegramente los procedimientos y normas establecidas.

-El sitio de trabajo será un lugar donde realmente sea atractivo llegará cada día.

Justo a Tiempo - (JIT - Just in Time)

Justo a Tiempo es una filosofía industrial que consiste en la reducción de desperdicio (actividades que no agregan valor) es decir todo lo que implique subutilización en un sistema desde compras hasta producción. Existen muchas formas de reducir el desperdicio, pero el Justo a Tiempo se apoya en el control físico del material para ubicar el desperdicio y, finalmente, forzar su eliminación. La idea básica del Justo a Tiempo es producir un artículo en el momento que es requerido para que este sea vendido o utilizado por la siguiente estación de trabajo en un proceso de manufactura. Dentro de la línea de producción se controlan en forma estricta no sólo los niveles totales de inventario, sino también el nivel de inventario entre las células de trabajo. La producción dentro de la célula, así como la entrega de material a la misma, se ven impulsadas sólo cuando un stock (inventario) se encuentra debajo de cierto límite como resultado de su consumo en la operación subsecuente. Además, el material no se puede entregar a la línea de producción o la célula de trabajo a menos que se deje en la línea una cantidad igual. Esta señal que impulsa la acción puede ser un contenedor vacío o una tarjeta Kanban, o cualquier otra señal visible de reabastecimiento, todas las cuales indican que se han consumido un artículo y se necesita reabastecerlo.

La figura nos indica cómo funciona el Sistema Justo a Tiempo:

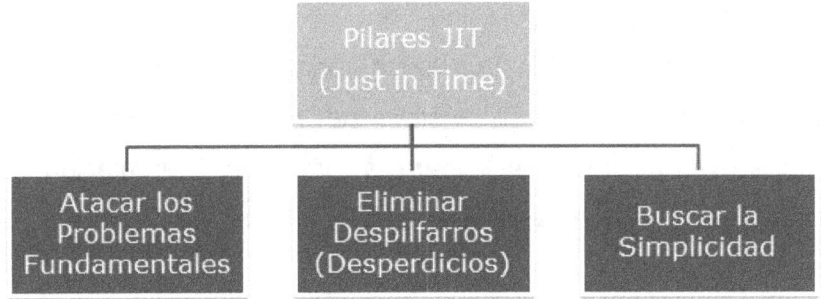

Seguridad de las operaciones

El análisis de los riesgos potenciales es el estudio desarrollado con el fin de determinar los riesgos mecánicos o físicos que existen o puedan existir, y los actos o acciones de las personas cuyo resultado podría ser un accidente o enfermedad de trabajo.

Los elementos fundamentales de la prevención de accidentes incluyen:

1) Que se proporcione y mantengan condiciones de trabajo seguras;

2) El empleo de procedimientos y métodos de trabajo seguros;

3) El adiestramiento y supervisión de los empleados en lo que se refiere a conocimiento de procedimientos seguros.

Por lo tanto, deben establecerse los procedimientos seguros en lo que respecta al trabajo que ha de hacerse.

El análisis de los riesgos potenciales puede proporcionar la información que se necesita para eliminar causas de accidentes o riesgos a la salud de las personas que interactúan con la maquinaria y/o equipo, para que especifique las precauciones, el equipo, las herramientas y los dispositivos o condiciones que debe proporcionarse y/o usarse, y la base para procedimientos seguros para la operación que son necesarios en el adiestramiento, las instrucciones para el trabajo, y una supervisión eficiente. El análisis de riesgos puede ser un instrumento de importancia para la formación y orientación de actitudes convenientes en seguridad.

Riesgos mecánicos

Riesgos en la maquinaria y equipo

La maquinaria y equipo en general se refiere a todas las maquinas que intervienen en el proceso de producción, y sus auxiliares que pueden presentar peligros intrínsecos como; filos cortantes, accesorios de gran volumen y peso, conexiones de equipo eléctrico peligrosas, etc. Y extrínsecos como; mal estado, falta de señalización de las características operativas, reglas de mantenimiento y mala disposición de las áreas de trabajo.

Las maquinas son peligrosas por naturaleza, están ideadas para efectuar un proceso de transformación de las materias y en numerosas ocasiones dañan a los propios operadores de las mismas. Sus elementos móviles tienen riesgos como son el caso de las correas de transmisión, poleas, cadenas y engranes.

Ahora bien, estableciendo el principio de riesgo derivado de la manipulación de las maquinas en general, deben considerar la obligación de que están reúnan los sistemas de protección más adecuados al tipo de máquina y al sistema de trabajo.

Las protecciones deben formar parte integrante de cualquier máquina en su etapa de diseño, teniendo en cuenta todos los factores ergonómicos o de cualquier otra índole relacionados con la misma consiguiendo una máquina tan segura como sea posible.

La seguridad en máquinas nunca se puede confiar solamente a las prácticas de trabajo seguro, aunque estas sean esenciales. Donde exista riesgo los sistemas de protección son el único medio para evitar las lesiones.

La aplicación de los correspondientes medios de protección junto con la supervisión, coordinación, adiestramiento y constante atención del operario, son los condicionantes para una seguridad óptima en la utilización de máquinas.

Una persona puede lesionarse por una máquina como resultado de:

a) La proyección de una pieza de trabajo.
b) La proyección de los elementos de la propia máquina.

c) Entrar en contacto con una pieza de trabajo en movimiento de la máquina.

d) Ser enganchado y arrastrado como consecuencia de llevar ropa suelta.

e) Entrar en contacto con piezas calientes.

f) Superficies estáticamente cargados.

g) Puntos de operación desprovistos de protecciones; partes móviles, engranajes, poleas de guardas protectoras; transmisión mecánica, engranajes, ejes, correas, en general desprotegidas.

h) Motores eléctricos: hilos desnudos, motores sin hilo a tierra, llaves sin protección y otros.

Los movimientos de las distintas partes o elementos de una máquina son esencialmente movimientos de rotación, de traslación alternativas, o bien una combinación de estos.

Dependiendo de la posición de sus diversos elementos, la maquina puede producir accidentes por atrapamiento o golpes.

El principio fundamental de protección es que las máquinas deben estar provistas de un dispositivo adecuado que elimine o reduzca el peligro, antes de que el trabajador pueda acceder al punto o zonas de peligro.

Este principio puede desglosarse en los tres siguientes puntos:

1.- El punto o zona de peligro, debe ser seguro por su propia posición o colocación de la máquina.

2.- La máquina debe estar provista de protección, que impida o dificulte que el trabajador tenga acceso al punto o zona de peligro.

3.- La máquina debe estar provista de un dispositivo de protección que elimine o reduzca el peligro, antes de que pueda ser alcanzado el punto de peligro o zona de peligro.

En muchas máquinas es imposible la aplicación de estos principios, por lo que las normas de seguridad para estar máquinas herramientas, suelen especificar medios de protección compatibles, tanto con su utilización como el adiestramiento de los operarios, en cuanto a métodos seguros de trabajo.

Para la aplicación de estos principios de protección, deberá de tenerse en cuenta los siguientes puntos:
- Diseño.
- Previsión Integrada.

Son las técnicas de seguridad aplicadas por el fabricante en las fases de diseño y construcción de la máquina; estas técnicas pueden ser:
a) Prevención intrínseca: Actúa solamente sobre la forma, la disposición, el modo de montaje, el principio de los elementos constitutivos funcionales de la máquina, sin añadir elementos específicamente concedidos para garantizar la seguridad.
b) Técnicas de protección: Incorporar resguardos y dispositivos de protección en aquellas situaciones en que no es factible la aplicación de técnicas de prevención intrínseca.
c) Técnicas de formación e información: Indican las condiciones en las que es posible un empleo de la máquina sin peligro.

Las herramientas, como auxiliares de las diferentes operaciones, presentan igualmente una serie de peligros, debido entre:

Diversificación excesiva, características y modo de empleo diferentes, herramientas de superficie cortante, que no presentan resguardos, falta de señalización de algunas de sus características de empleo; equivocado almacenaje y herramientas en mal estado.

Riesgos eléctricos

La electricidad, además de su gran utilidad como fuente de energía es potencialmente una importante fuente de riesgo. Por lo general el porcentaje de accidentes eléctricos es muy pequeño con respecto al total debido a otras causas, sin embargo, es muy alto el porcentaje de accidentes eléctricos considerados como mortales.

Cuando una persona recibe un choque eléctrico es debido a que una porción de su cuerpo pasa a formar parte de un circuito eléctrico.

La gravedad de un choque eléctrico depende principalmente de:

a) La intensidad de la corriente que pasa por el cuerpo.

b) El camino seguido por la corriente que pasa por el cuerpo.

c) El tiempo durante el cual la persona permanece en contacto con el conductor bajo tensión.

d) Tipo de corriente que se trabaje (alterna o directa).

Las recomendaciones que a continuación se mencionan pueden considerarse como reglas básicas que son de utilidad para disminuir la probabilidad de ocurrencia de riesgos de tipo eléctrico.

-Mientras se demuestre lo contrario, siempre se debe considerar que todo el equipo y circuitos tienen corriente.

-Cuando se trabaje cerca de cables y aparatos eléctricos, se debe manipular como línea viva cualquier cable o alambre, aunque aparentemente este suelto, procurando que al extenderse esté conectado a tierra.

-Se debe evitar al máximo que cualquier tipo de objeto caiga sobre los conductores eléctricos, a fin de evitar un deterioro en el aislamiento de estos.

-Procurar que los aislamientos de los conductores sean de una manera eficaz y duradera o en su defecto ubicar los conductores desnudos, de tal forma que sea inaccesibles (por ejemplo, detrás de una pantalla protectora u otro sistema similar).

-Instalar fusibles o interruptores automáticos, empleados para desconectar el sistema en caso de un cortocircuito o fugas de un conductor a tierra.

-Conectar a tierra las carcasas metálicas de aparatos, canalizaciones, así como las herramientas y equipo eléctrico que lo requiera.

-Se debe evitar subir a postes que sostengan cables eléctricos a menos que la actividad que se deba realizar obligue a ello. En tal caso será realizada por personas capacitadas.

-Los pisos de los tableros de distribución o de control a fusibles para C.A. deben estar provistos de plataforma o alfombra de material aislante.

- Procurar alejarse prudentemente de los conductores caídos en el suelo e impedir que otras personas se acerquen a ellos.

- Evitar al máximo las instalaciones eléctricas provisionales y en el caso de que sea indispensable la implementación de una, esta debe contar con medidas de seguridad aceptables.

- Antes de energizar un circuito equipo hay que cerciorarse de que no haya personas u objetos extraños colocados en lugares donde pudiera ocurrir un accidente al efectuarse la maniobra.

- Procurar acercarse lo menos posible a conmutadores, interruptores u otras partes que pueden generar arcos eléctricos durante la preparación y manejo de los mismos.

- Cuando se vayan a realizar trabajos sobre circuitos o aparatos eléctricos, estos se deben desconectar de la línea de alimentación de tal manera que se interrumpa el flujo de la corriente.

- Evitar que personas ajenas al mantenimiento de las centrales, estaciones y subestaciones eléctricas, instalaciones telefónicas, etc., entre los locales de éstas a menos que cuenten con una autorización especial.

- Cuando sea necesario instalar equipos eléctricos adicionales no contemplados en el plano eléctrico inicial, se deben realizar las modificaciones que proceden para evitar sobre cargar la línea.

- Realizar inspecciones periódicas al equipo e instalaciones eléctricas por parte de personal capacitado.

- Siempre debe utilizarse el equipo de protección personal.

- Observar y cumplir al máximo las disposiciones señaladas en las Normas Oficiales en materia de Seguridad, así como del Reglamento de Seguridad, Higiene y Medio Ambiente de trabajo.

-Las instalaciones deben contar con medios efectivos para conectar a tierra todas aquellas partes metálicas del equipo eléctrico u otros elementos, que normalmente no conduzcan corriente y que están expuestos a energizarse si ocurre un deterioro en el aislamiento de los conductores o del equipo.

Riesgos químicos
Principios de Planificación de las emergencias químicas
Los principios teóricos empleados en la planificación en casos de emergencia son los elementos que constituyen el plan de contingencia, éstos deben ser considerados en el diseño de los planes de respuesta a emergencias en donde se involucren materiales peligrosos.

La importancia que tiene la planificación en casos de emergencia consiste en el desarrollo de una preparación que proporcione una adecuada respuesta en el manejo de accidentes químicos, con la intención de reducir los efectos nocivos que tienen los materiales peligrosos para la salud, el medio ambiente, la comunidad y los costos provocado a las propiedades, instalaciones, así como los que se derivan de las operaciones de limpieza del lugar donde ocurrió el accidente.

Los elementos que a continuación se discutirán son los pilares de un buen diseño de un plan de contingencias o respuesta de emergencia, aplicables a cualquier accidente causado por un derrame de materiales peligrosos, derivado de actividades de producción, consumo, almacenamiento o transporte.

Riesgos del manejo de materiales y sustancias radioactivas
Tratamiento de desechos radiactivos

Los desechos radiactivos deber ser sometidos a tratamiento específicos para ser dispuestos en rellenos de seguridad y confinamiento.

Si los desechos radiactivos tienen alta actividad, por ejemplo, dosis de terapia con Yodo-131, deberán permanecer almacenados convenientemente hasta que la actividad de los materiales acumulados durante 4 semanas consecutivas no exceda de 10 milicuries o 370 megabequerelios, luego de lo cual pueden ser eliminados. Los artículos contaminados con desechos radioactivos, que puedan ser reusados, deber ser almacenados en contenedores adecuados, debidamente etiquetados, hasta que la contaminación decaiga a niveles aceptables (0.1 microcurie / cm^2).

Los desechos radioactivos, tales como: papel contaminado, vasos plásticos y materiales similares donde la actividad no exceda de 3.7 Kilo Bequerelios por artículo, pueden ser dispuestos en una funda plástica de color negro, como basura común. Las agujas hipodérmicas, jeringuillas y puntas de pipetas, descartables, serán almacenadas en un lugar apropiado para permitir el decaimiento de la actividad residual, previo a su disposición. una vez que el material decaiga a niveles inferiores a 3,7 Kilo Bequerelios, se procederá a retirar toda etiqueta que indique su condición anterior.

Los desechos radioactivos provenientes de hospitales o consultorios particulares, utilizados en el tratamiento médico de seres humanos, que no contengan Estroncio-90 o emisores alfa, y, cuando la actividad no sea mayor a 30 milicuries o (1.11. Giga Bequerelios) por día, pueden ser incinerados.

Los restos de animales usados en investigaciones, que contengan radionúclidos de vida media superior a 125 días, serán tratados con formaldehido (al 2%), colocados en fundas plásticas y luego en recipientes de boca ancha, previo a su disposición final. Si estos restos contienen radionúclidos de vida media corta, a excepción de emisores alfa o beta, pueden ser incinerados.

Las excretas de los pacientes sometidos a tratamiento de radioterapia podrán ser normalmente dispuestas a través del inodoro con doble flujo de agua.

Contenido de un plan de respuesta de emergencia

Es importante aclarar que cuando hablamos de un plan de respuesta de emergencia lo estamos homologando con el concepto plan de contingencia, el cual podemos definir como un conjunto de actividades previstas y de acciones secuenciales, que pueden iniciarse de manera súbita con el fin de hacer frente a un accidente químico o acontecimiento donde se involucren materiales peligrosos que, aunque tiene una posibilidad de realizarse, no se tiene la certeza de que llegue a ocurrir. Es decir, hablamos de un riesgo potencial con probabilidad de que se inicie con las consecuencias negativas que éste pueda generar.

Los aspectos teóricos que se deben de considerar en la planificación de la emergencia en el lugar del accidente deberán incluir los siguientes puntos:

-Alcance e introducción.

-Medidas para notificar y dar alerta.

-Responsabilidades del coordinador en el lugar del accidente.

-Técnicas de control y descontaminación.

-Eliminación de contaminantes.

-Métodos de restauración en el lugar del accidente.

-Inventario de recursos.

-Relaciones públicas.

Alcance e introducción

En esta parte se deben definir los términos de referencia relacionados con el plan de respuesta a emergencia y debe incluir los siguientes conceptos:

- Objetivo del plan.
- Ubicación geográfica y física del lugar.
- Listado de organizaciones y grupos de apoyo con responsabilidad dentro del plan.

Medidas para notificar y dar alerta

Cuando se tiene un accidente químico o se recibe información acerca de uno, se debe poner en acción el sistema de alerta a la población y a los involucrados. El sistema de información debe incluir entre otros rubros los siguientes:

-Medidas internas. Son aquellas por medio de las cuales el personal que es informado del accidente deberá comunicar a la persona encargada, quien a su vez pondrá en acción las medidas específicas dentro de su empresa u organización.

-Medidas externas. Son aquellas en las cuales la persona encargada informa del accidente a las entidades gubernamentales de acuerdo con la normatividad existente.

Responsabilidades del coordinador en el lugar del accidente

El comando en el lugar del accidente puede ser un representante del sector industrial o gubernamental, esta persona debe tomar decisiones, ser un buen comunicador, mantener liderazgo con la gente y hacer buen uso del tiempo.

Estar capacitado para organizar equipos de trabajo, mantener flexibilidad en todo momento y modificar el plan a medida que se presenten cambios en el accidente y se disponga de más información al respecto. La forma en que maneje el tiempo con el que dispone para la aplicación del plan, será determinante en el resultado final del operativo.

Se ha comprobado que las actividades de respuesta efectuadas durante las primeras horas después de conocer el accidente impactan en el resultado final.

Técnicas de control y descontaminación

Una evaluación efectiva del accidente provocado por materiales peligrosos es necesaria antes de poner en práctica algunas de las técnicas de control y limpieza del lugar donde se presenta el accidente. Es indispensable el disponer de información antes de movilizar cualquier recurso, la información mínima con que se debe disponer es:

-Tipo y cantidad del producto derramado.

-Condiciones de los medios de contención.

-Peligros potenciales para la salud y el medio ambiente.

-Descripción del lugar del accidente.

Durante la fase inicial de respuesta a una situación de emergencia, ocurre muy frecuentemente que no se dispone de toda la información antes señalada. La toma de decisiones se debe de hacer aún sin contar con algunos de los datos arriba señalados.

El tipo de medidas de control en los planes de emergencia como los diseñados para la industria, tienen un propósito muy específico y por lo general se llevan a la práctica de acuerdo con las características de las instalaciones, tipo de proceso, producto elaborado, almacenado o transportado. Los planes de contingencia de tipo industrial deben incluir las medidas necesarias para ofrecer respuestas a accidentes de todos tamaños.

Los planes de respuesta gubernamentales tienen la tendencia a cubrir propósitos y objetivos más generales y enfatizan en los aspectos normativos. Estos planes generalmente se diseñan para casos de accidentes de gran tamaño que en principio están fuera de control del causante del accidente y que involucran daños a la población en gran magnitud y a los bienes de producción.

Eliminación de contaminantes

En el diseño de los planes de respuesta a emergencia se debe de incluir lugares ecológicamente aceptables para eliminar todo tipo de desechos o materiales peligrosos involucrados en el accidente, así como, técnicas de eliminación adecuadas para el manejo de situaciones incluidas en el plan de emergencia.

Las técnicas de eliminación de desechos como son quemar, enterrar y reciclar deben incluirse de forma detallada dentro del plan, debido a que constituyen un serio problema y requieren una estrecha colaboración entre la industria y el gobierno.

Métodos de restauración en el lugar del accidente

El concepto de restauración se debe de entender, el dejar las mismas condiciones en que se encontraba antes de que sucediera el accidente. El grado de restauración es una responsabilidad que debe asumir el que origina el accidente apoyada ésta en la normatividad existente, algunos ejemplos de restauración son los siguientes:

-Reemplazo de arena contaminada en las playas, colocación de pasto o eliminación de tierra saturada.

-Relleno de lagos y arroyos.

-Eliminación de los desechos contaminados.

Inventario de recursos

Este punto al igual que los anteriores es de suma importancia para el diseño del plan y como mínimo debe de incluir los siguientes rubros:

-Equipo necesario y adicional.

-Disponibilidad de mano de obra.

-Contratistas.

-Expertos y consultores.

-Equipo de comunicación.

-Medios de comunicación masiva, radio, T.V., etc.

En el inventario se identificarán los contactos que pueden ser necesarios para disponer de recursos que se encuentran fuera del alcance del plan de contingencia.

Relaciones públicas

Las relaciones públicas deben formar parte integral de todo el sistema del plan integral ya que la negligencia para proporcionar la información adecuada al público y a los medios de comunicación lo más rápido posible, ocasionará dolores de cabeza innecesarios en el manejo del accidente y frecuentemente obstaculiza el trabajo del personal técnico responsable de la labor de respuesta, control y limpieza en el lugar del accidente.

Toxicología industrial

La toxicología puede ser definida como la ciencia de los venenos o de las sustancias tóxicas, sus efectos, antídotos y detección; o bien como señala la Organización Mundial de la Salud "disciplina que estudia los efectos nocivos de los agentes químicos y de los agentes físicos (agentes tóxicos) en los sistemas biológicos y que establece, además, la magnitud del daño en función de la exposición de los organismos vivos a dichos agentes.

Se ocupa de la naturaleza y de los mecanismos de las lesiones y de la evaluación de los diversos cambios biológicos producidos por los agentes nocivos".

Toxicología ocupacional

En la última mitad del siglo diecinueve y durante el siglo pasado, el conocimiento de los efectos de la actividad laboral en ciertas industrias incurrieron en la manifestación de serias enfermedades y decesos ocasionados por la exposición a químicos peligrosos y agentes tóxicos bajo condiciones inseguras de trabajo; este es el campo de acción de la toxicología ocupacional, cuya disciplina aborda el estudio de los efectos nocivos sobre la salud del trabajador producidos por los contaminantes del ambiente de laboral.

Riesgos industriales para la salud

La industrialización del país, que empezó hace unos cincuenta años, se hizo sin planeación y sin conocimiento de los riesgos que las actividades industriales podrían significar para la salud de las comunidades cercanas. Tampoco había entonces -y en más de un sentido todavía no hay- un marco científico-técnico y legal que permitiera prever los riesgos y reducir los daños que pudieran causar dichas actividades sobre la salud y el ambiente. Todo esto ha contribuido a que en México hayan ocurrido algunos de los casos más graves de América Latina en cuanto al daño a la salud por exposición a las sustancias químicas, incluyendo los resultantes de los accidentes químicos.

En general, los efectos nocivos para la salud por las deficiencias en la operación de las industrias son de dos tipos:

A) En el primero, la comunidad cercana está expuesta de manera continua a las emisiones dañinas no controladas de la industria que ocasionan efectos a largo plazo. Por lo común, este tipo de exposición crónica no causa en las personas daños inmediatos, pero, a través del tiempo, provocan efectos graves y, con frecuencia, irreversibles como son los que afectan los sistemas neurológico, inmunitario o reproductivo.

Por la naturaleza insidiosa y ambigua de estos efectos, suele ocurrir que la comunidad cercana a la planta esté expuesta por varios años, resintiendo y "acostumbrándose" a molestias aparentemente leves ¬dolores de cabeza, garganta o estómago, insomnio, cambios de carácter¬ sin quejarse. Esto continúa hasta que algún acontecimiento inesperado saca el problema a la luz pública. Cuando, de algún modo los afectados obtienen pruebas de la contaminación ambiental o del daño a la salud, la respuesta oficial cambia: los datos no son suficientes, no son adecuados o, de plano, no sirven, porque no se hicieron siguiendo una metodología específica que, de entrada, es conocida sólo por la autoridad.

B) Pero no es la exposición crónica la única que puede causar daños; con frecuencia, también surge la combinación de una exposición crónica con una aguda causada, por ejemplo, por una fuga o una explosión. En casos como éstos, a la exposición crónica de las comunidades cercanas a la planta se superpone una de gran intensidad que preocupa temporalmente a las autoridades, pero no logra cambios duraderos en su actitud. Si en los casos de exposición crónica, las autoridades reaccionan de manera automática, negando el daño y retrasando la posible solución, (como si fueran tanto o más culpables que la industria causante del problema) en una exposición aguda -un accidente químico- superpuesta a la crónica, las autoridades toman un camino aún más cuestionable: tratan, casi literalmente, de "echarle tierra" al asunto pensando, quizá, que se trata de un accidente común, y que basta con quitar escombros, reparar calles, enterrar muertos y prometer a los sobrevivientes lo que sea necesario con el fin de que reduzcan sus protestas para que todo el asunto quede archivado y la sociedad se tranquilice.

Sin embargo, es probable que éste sea el peor error de las autoridades en estos casos pues; aunque puedan pasar años para que se manifiesten los efectos nocivos del accidente, el daño al ambiente circunvecino y la salud de los expuestos puede ser muy grave y, a veces, irreversible.

A causa de este error de manejo, algo que pudo evitarse ante las primeras quejas de la comunidad, se transforma en un proceso lento, difícil y muy doloroso para los afectados. Los resultados de estos casos prueban que las autoridades de ambiente y salud de México no están preparadas para asegurar que las actividades de la industria sean limpias y seguras, ni para lograr que estas industrias desarrollen un compromiso real con el cuidado de la salud y el ambiente. Las autoridades de protección civil del país tampoco están preparadas para enfrentar los accidentes químicos que ocurren aquí con mucha más frecuencia que en otros países similares y, a juzgar por los resultados, todavía no hay quien pueda, o quiera, hacer un seguimiento epidemiológico adecuado de sus secuelas.

Aunque los resultados de la exposición de las comunidades a las emisiones tóxicas de la industria y a las consecuencias de los accidentes químicos son gran sufrimiento humano, enormes pérdidas económicas, problemas de contaminación ambiental de largo alcance e inquietud social creciente, poco se ha hecho en el país para prevenirlos, reducir su frecuencia y magnitud, estar preparado para controlarlos y, sobre todo, responder a las comunidades de una manera congruente con lo que nuestra Constitución estipula sobre la protección de la salud y el derecho a un ambiente sano.

La capacidad de las autoridades para controlar las emisiones de las industrias económicamente poderosas, como Peñoles, o para enfrentar un accidente químico de intensidad mediana es muy escasa y no guarda ninguna relación con las necesidades del país o el nivel de desarrollo de su industria.

Por otra parte, la capacidad científico-técnica oficial para asignar oportunamente las responsabilidades, detectar o comprobar el daño y apoyar eficazmente a las comunidades afectadas no ha sido suficiente, ni siquiera cuando la fuente de la sustancia nociva y los daños que ocasiona se conocen con certeza.

Peor aún, hasta el momento, las experiencias disponibles permiten afirmar que la capacidad oficial para proteger la salud y el ambiente de las comunidades afectadas por la emisión continua de contaminantes tóxicos o por la exposición a contaminantes por esta emisión continuada superpuesta con una súbita, es excesivamente baja y no es exagerado afirmar que es casi nula. Estos casos demuestran que sólo a través de la organización comunitaria y de su presión activa y continua, las autoridades podrán algún día dejar su actitud pasiva y empezar a corregir los excesos de las industrias. Mientras las comunidades no se organicen, las autoridades no se moverán. Estos casos permiten verificar la desorganización y desinformación total de las comunidades -usualmente marginales social, política, económica y culturalmente- en las que se ha asentado la industria en el país, y la ineficacia ¿Inexistencia? de planes oficiales para controlar eficazmente los riesgos que las industrias presentan para la salud de las comunidades vecinas.

Sin embargo, ante el cambio de administración cabe ser ligeramente optimista. Es posible que las nuevas autoridades comprendan la gravedad del problema y las muchas deficiencias que el país enfrenta para reducirlo; también, que dejen de actuar como si estuvieran protegiendo a una industria renuente a invertir en mejorar sus procesos y empiecen a comprender que también tienen una responsabilidad hacia la sociedad que votó por los cambios prometidos.

Las compañías trasnacionales son dominantes en la fabricación y comercialización de productos químicos y otras sustancias que suponen riesgos para la seguridad ocupacional y la salud. Estas empresas tienen una prolongada experiencia en el control de estos riesgos y han desarrollado importantes equipos de personal y procedimientos a estos efectos. Con la tendencia a los acuerdos de "libre comercio", se prevé que el dominio de las trasnacionales se expanda, con una consiguiente disminución de industrias de propiedad estatal y de propiedad de capitales nacionales. Corresponde entonces considerar la importancia de las trasnacionales en tanto que estas industrias se expanden por todo el mundo, particularmente a países que tienen mínimos recursos disponibles para la protección ambiental y de los trabajadores. Las trasnacionales han tenido históricamente una participación central en la migración de riesgos industriales. Es necesario analizar esa participación para llegar a comprender lo que pueden y deben hacer las grandes compañías para asumir la responsabilidad de promover una transición mundial hacia tecnologías sin riesgo. El primer punto es la influencia de los intereses comerciales en las normas adoptadas con relación al contacto de los trabajadores con sustancias tóxicas en todo el mundo. Se tiende a considerar que los límites de los lugares de trabajo son límites máximos de contacto humano con sustancias tóxicas, y con frecuencia se recurre a ellos también para evaluar los riesgos de la contaminación ambiental del aire para la salud humana. Hoy es ampliamente reconocido que estos límites se basan en datos y análisis insuficientes y que en gran medida fueron construidos por sectores económicos interesados, de maneras no reveladas a la comunidad científica.

Control del ambiente
Ruido industrial
Definición de Sonido y Ruido
Desde el punto de vista físico el Sonido es un movimiento ondulatorio con una intensidad y frecuencia determinada que se transmite en un medio elástico (Aire, Agua o Gas), generando una vibración acústica capaz de producir una sensación auditiva. La intensidad del sonido corresponde a la amplitud de la Vibración acústica, la cual es medida en decibeles (dB). La Frecuencia indica el número de ciclos por unidad de tiempo que tiene una onda. (Hertzios - Hz). El rango de frecuencia de los sonidos audibles en personas jóvenes y sanas es entre 20 Hz. Y

20.000 Hz. Los ruidos de alta frecuencia son los más dañinos para el oído humano. En los programas de vigilancia médica del riesgo ruido en trabajadores, es posible detectar sus efectos iniciales en las frecuencias de 4000 y 6000 Hz (Señal de alerta).

El valor mínimo de presión sonora que puede detectar el oído humano es de 2×10^{-5} Nw/m^2, prolongándose hasta el umbral de dolor que se ubica cercano a los 20 Nw/m^2. En vista de este rango tan amplio se requiere de la utilización de una escala logarítmica para la medición del sonido.

El Ruido ha sido definido desde el punto de vista físico como una superposición de sonidos de frecuencias e intensidades diferentes, sin una correlación de base.

Fisiológicamente se considera que el ruido es cualquier sonido desagradable o molesto.

El ruido desde el punto vista ocupacional puede definirse como el sonido que por sus características especiales es indeseado o que puede desencadenar daños a la salud. Es clásico el ejemplo de los integrantes de alguna orquesta, aunque el sonido puede ser muy agradable, si supera los límites recomendados por los estándares internacionales debemos siempre considerarlos ocupacionalmente expuestos a ruido.

Clasificación del Sonido según su variación

-Ruido Constante: Es aquel cuyo nivel de presión sonora no varía en más de 5 dB durante las ocho horas laborables.

-Ruido Fluctuante: Ruido cuya presión sonora varía continuamente y en apreciable extensión, durante el periodo de observación.

-Ruido Intermitente: Es aquel cuyo nivel de presión sonora disminuye repentinamente hasta el nivel de ruido de fondo, varias veces durante el periodo de observación, el tiempo durante el cual se mantiene a un nivel superior al ruido de fondo es de un (1) segundo o más.

-Ruido Impulsivo: Es aquel que fluctúa en una razón extremadamente grande (más de 35 dB) en tiempos menores de 1 segundo.

En la práctica el ruido se presenta como una mezcla de todos tipos, por ello acertadamente la norma venezolana recomienda el Nivel Sonoro Equivalente, el cual representa en un nivel de presión de sonido continuo constante la misma cantidad de energía sonora que el sonido continuo fluctuante medio durante el mismo periodo. Excepcionalmente en el Ruido Impulsivo, el criterio de mayor importancia es el valor pico, y por lo tanto el Nivel Sonoro Equivalente no es aplicable.

Fisiología de la audición

La onda sonora es recibida por el Pabellón auricular quien la conduce a través del Conducto auditivo externo hasta llegar a la Membrana timpánica.

Existe gran impedancia para la transmisión de la onda sonora desde el exterior hasta el oído interno, donde se encuentra inmerso en un líquido conocido como endolinfa, el órgano de Corti.

Esta impedancia es neutralizada por el tímpano y la cadena de huesecillos quienes transmiten el estímulo sonoro en forma de vibración, a través de la Ventana oval, a la Rampa Vestibular del

Caracol: la cual por deflexiones de su membrana vestibular espirilar, estimula el órgano de Corti situado en el Conducto coclear. Para evitar un estímulo excesivo la onda es atenuada cuando pasa de la Rampa Vestibular hacia la Rampa timpánica, desembocando en el oído medio a través de la ventana redonda.

El Órgano de Corti está constituido por un conjunto de células con microvellosidades altamente especializadas, que son capaces de transformar el estímulo mecánico en una señal nerviosa que viaja a través de la rama coclear del VIII par craneal hasta el Sistema Nervioso Central.

Intensidad del ruido
Niveles de Intensidad mayores de ruido deben ser compensados con el acortamiento del tiempo de exposición en la jornada.

Niveles permisibles de ruido en el tiempo de trabajo

Nivel de Ruido (dB)	Exposición Permitida (hr)
85	8
88	4
91	2
94	1
97	½
100	¼
103	1/8

El sistema de gestión de la seguridad y la salud en el trabajo en la organización

La seguridad y la salud en el trabajo incluyendo el cumplimiento de los requerimientos de la SST conforme a las leyes y reglamentaciones nacionales son la responsabilidad y el deber del empleador. El empleador debería mostrar un liderazgo y compromiso firme con respecto a las actividades de SST en la organización, y debería adoptar las disposiciones necesarias para crear un sistema de gestión de la SST, que incluya los principales elementos de política, organización, planificación y aplicación, evaluación y acción en pro de mejoras, tal como se muestra en la figura:

Principales elementos del sistema de gestión de la SST

Historia

Historia de la Seguridad Industrial

El desarrollo Industrial trajo consigo el incremento de accidentes laborales, lo que obligo a aumentar las medidas de seguridad, las cuales se cristalizaron con el ordenamiento de las conquistas laborales. Desde los albores de la historia, el hombre ha hecho de su instinto conservación una plataforma de defensa ante la lesión corporal, tal esfuerzo probablemente fue en un principio de carácter instintivo y defensivo. Ya en el año 400 a.C., Hipócrates recomendaba a los mineros, el uso de baños higiénicos a n de evitar la saturación del plomo. Platón y Aristóteles estudiaron ciertas deformaciones físicas producidas por ciertas actividades ocupacionales, planteando la necesidad de su prevención. La revolución marca el inicio de la revolución industrial como consecuencia de la aparición de la fuerza del vapor y la mecanización de la de la industria lo que produjo el incremento de accidentes y enfermedades laborales. No obstante, el nacimiento de la fuerza industrial y el de la seguridad industrial no fueron simultáneos, debido a la degradación y a las condiciones de trabajo y de vida detestables. En 1833 se realizaron las primeras inspecciones gubernamentales, pero hasta 1850 se verificaron ciertas mejoras como resultado de las recomendaciones hechas entonces. Lowell Mass, una de las primeras ciudades industriales en los Estados Unidos, elaboro tela de algodón desde 1822. Los trabajadores, principalmente mujeres y niños menores de 10 años, procedentes de las granjas trabajaban jornadas de hasta

14 horas. El componente humano volvió a abundar en los talleres, así también lo hicieron los accidentes. En respuesta la legislatura de Massachussets promulgo en 1867 una ley prescribiendo el nombramiento de inspectores de fábricas. Dos años después se estableció la primera oficina de estadística de trabajo en los Estados Unidos. En 1874 Francia aprobó una ley estableciendo un servicio especial de inspección para los talleres y en 1877, Massachussets ordeno el uso de resguardos en maquinaria peligrosa. En 1883 se pone la primera piedra de la seguridad industrial moderna cuando en Paris se establece una empresa que asesora a los industriales. Pero es hasta este siglo que el tema de la seguridad en el trabajo alcanza su máxima expresión al crearse La Asociación Internacional de Protección de los Trabajadores.

Legislaciones varias
Los accidentes de trabajo comenzaron a multiplicarse con la Revolución Industrial, al mecanizarse a gran escala el sistema productivo. El problema de la seguridad intereso a empresarios y trabajadores de todos los países acogiéndose así las primeras disposiciones legales. La acción legislativa atacando las causas físicas y mecánicas de los accidentes, ha tenido poco efecto debido a su impopularidad y la dificultad para hacerla cumplir. El primer intento para modificar por medio de un estatuto la ley común de la responsabilidad patronal, se hizo en 1880 en Inglaterra, cuando el Parlamento promulgo el Acta de Responsabilidad de los Patrones, permitiendo que los representantes personales de un trabajador fallecido cobrasen

daños por muerte causada por negligencia. En Alemania (1885), Bismarck preparo y decreto la primera ley obligatoria de compensación para los trabajadores, si bien solo cubría enfermedades.

Este fue el primer país en abandonar el seguro de los patrones a favor de la compensación de los trabajadores. En 1897 se promulgo en Gran Bretaña un decreto de compensación al trabajador, fue la primera ley de esta clase que se promulgo en un país de habla inglesa.

La primera ley de compensación de los Estados Unidos se expidió en Maryland en 1902, pero tenía tantas restricciones que su aplicación tuvo escaso efecto práctico.

La legislación de compensación de trabajadores diere de la responsabilidad de los patrones que exige que el patrón remunere a los trabajadores lesionados, se demuestre o no negligencia por parte de ellos.

Con la ley de responsabilidad patronal, los propietarios hacían la investigación de los accidentes para determinar la falta del trabajador.

La seguridad en la empresa

El accidente es el resultado de ciertos elementos dentro de un sistema de determinada estructura.

Los accidentes laborales pueden causar grandes gastos a una empresa distribuidos en perdida de salarios, gastos médicos y costo de seguros, estos pueden representar una carga más al aumentar las primas, esto depende de las circunstancias del accidente.

Algunos datos interesantes sobre los accidentes en el trabajo se presentan a continuación

-Representan la quinta parte de los accidentes totales del mundo y afectan a millones de personas.

-Mueren aproximadamente 100000 personas por accidentes laborales en el mundo por año.

-Existen 600000 sustancias toxicas que producen enfermedades laborales.

Algunos objetivos específicos de la seguridad en las industrias se resumen en los siguientes 5 puntos

-Evitar lesión y muerte por accidente, ya que hay una perdida en el potencial humano y esto puede derivar en una baja en la productividad.

-Reducción de los costos de producción y la maximización de beneficios.

-Mejorar la imagen de la empresa, de esta manera los trabajadores dan un mayor rendimiento.

-Contar con un sistema estadístico para detectar si hay un aumento en los accidentes o disminución de

estos y detectar sus posibles causas.

-Contar con los medios necesarios para montar un plan de Seguridad realmente efectiva para evitar nuevos accidentes y futuros gastos a la empresa.

Antecedentes históricos

A lo largo de la historia, el hombre se ha visto a la par por el accidente bajo las más diversas formas y circunstancias, desde las cavernas hasta las modernas empresas y hogares en la actualidad. Al realizar actividades productivas el riesgo atenta contra su salud y bienestar. Conforme se va haciendo más compleja la realización de las actividades de producción, se van multiplicando los riesgos para el trabajador y se han producido numerosos accidentes y enfermedades. A principios, no obstante, del siglo XVII se desarrolló en Inglaterra el sistema fabril descuidándose el bienestar físico de los trabajadores. Los accidentes y enfermedades afectaban a los grupos de trabajo sometidos a largas horas de labores sin protección, con iluminación y ventilación inapropiada, por lo tanto, de esta forma se daban los accidentes y prevalecías las enfermedades industriales. En 1802 nace una ley para proteger la salud y la mortalidad de los aprendices y otros trabajadores de la hilandería y fábricas. En 1841 surge la primera legislación de fábricas francesas, sobre el empleo de niños en las empresas industriales, fábricas y talleres que utilizaban fuerza motriz o que trabajaban sin interruptores. En Prusia, las primeras medidas encaminadas a crear un sistema de inspección de fábricas fueron los reglamentos de 1839 sobre el empleo de trabajadores jóvenes, en 1845 se aconsejó nombrar médicos como inspectores de fábricas. En 1869 la federación de Alemania del norte promulgo la protección social de los trabajadores contra los accidentes de trabajo y las enfermedades profesionales, En 1872 introdujo un sistema de inspección tanto para la seguridad como para la higiene del trabajo en general y casi al mismo tiempo en los Estados industriales de Sajonia y Badén siguieron su ejemplo. En Bélgica la legislación sobre seguridad e higiene del trabajo fue algo distinto; se inspiró en la era napoleónica en la parte de la legislación sobre inspección y en parte de la legislación para proteger el interés público contra los riesgos o molestias causados por la industria. En los Estados Unidos de Norteamérica fue Massachussets el primer estado que adopto una ley para la prevención de accidentes en las fábricas en 1877 en 1886 adopto una ley para hacer obligatoria la notificación de accidentes. La falta de protección el trabajador le falta de medios de seguridad e higiene en talleres y establecimientos fabriles, dejaron por demás la responsabilidad a los patrones por los daños acaecidos en el trabajo.

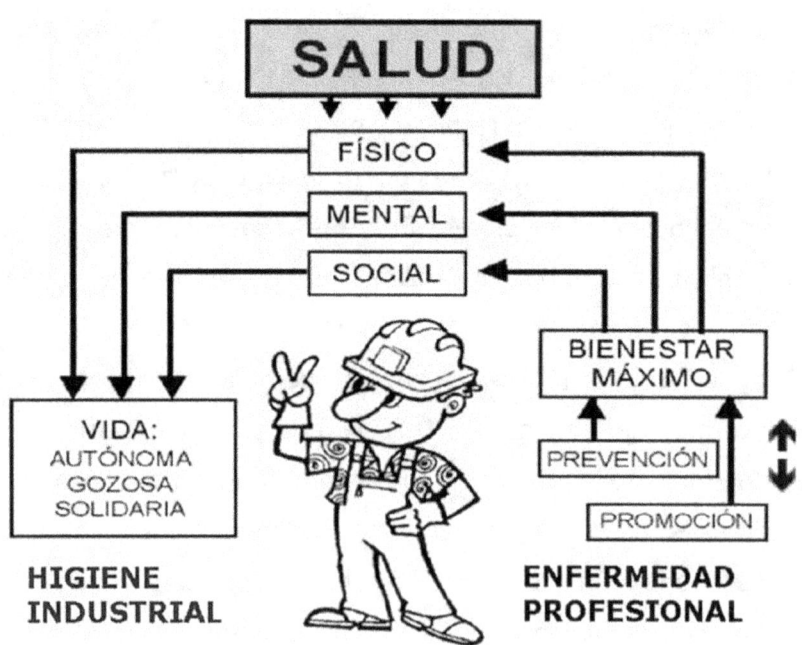

Higiene del trabajo

Conceptos básicos de la higiene industrial

La Asociación de Higiene Industrial (AIHA) de los E.E.U.U., nos dice que es una ciencia. Disciplina que consta de un conjunto de conocimientos y técnicas dedicadas a reconocer, evaluar y controlar los factores físicos, psicológicos o tensiones a que están expuestos los trabajadores en sus centros de trabajo y que puedan deteriorar la salud y causar una enfermedad de trabajo.

Importancia de la higiene laboral

El trabajo produce modificaciones en el medio ambiente que pueden ser: mecanismos, físicos, químicos, psíquicos, sociales, morales y lógicamente se pueden pensar que estos cambios afectan la salud integral de las personas que se dedican a una actividad. Es por ello que se hace necesario tomar medidas con la aplicación de la higiene laboral y nos damos cuenta de que actualmente en México, muchas empresas, de acuerdo a sus necesidades, ya cuentan con un departamento independiente y específico para la higiene industrial.

Ramas de la higiene industrial

Se han creado nuevas industrias que llevan nuevos procesos, entonces las Ramas de la Higiene Industrial también que se han aplicado son:

1. La seguridad industrial.
2. La medicina del trabajo.
3. La ergonomía.

4. La higiene general.
5. El control ambiental.

Como ramas auxiliares de la higiene industrial se concederán:

La Física	La psicología.
La Química	La Toxicología.
La Biología	La Anatomía.
La Sociología	La Fisiología.

Medicina del trabajo

Previene las consecuencias de las condiciones materiales y ambientales sobre los trabajadores y junto con la seguridad, la higiene y la ergonomía industrial establece condiciones de trabajo que no generan daño, para lo cual utiliza la medicina preventiva.

Ergonomía

Es el estudio de las características del ser humano para adaptarse y diseñar mejor su medio ambiente de trabajo.

-Seguridad en el trabajo.
-Higiene industrial.
-Sociología.
-Medicina del trabajo.
-Psicología.

Seguridad industrial

Estudia las condiciones materiales que ponen en peligro la integridad física de los trabajadores.

Higiene general

Es parte de la medicina y determina las medidas para conservar y mejorar la salud, así como para prevenir las enfermedades del hombre en relación de su medio ambiente.

Control ambiental

Conjunto de medidas que se realizan para disminuir al mínimo la emisión de contaminantes ambientales.

Según la American Industrial Hygienist Assocciation (A.I.H.A.), la Higiene Industrial es la "Ciencia y arte dedicados al reconocimiento, evaluación y control de aquellos factores ambientales o tensiones emanados o provocados por el lugar de trabajo y que pueden ocasionar enfermedades, destruir la salud y el bienestar o crear algún malestar significativo entre los trabajadores o los ciudadanos de una comunidad". Suele definirse también como una técnica no médica de prevención, que actúa frente a los contaminantes ambientales derivados del trabajo, al objeto de prevenir las enfermedades profesionales de los individuos expuestos a ellos.

Para conseguir su objetivo la higiene basa sus actuaciones en:

-Reconocimiento de los factores medioambientales que influyen sobre la salud de los trabajadores, basados en el conocimiento profundo sobre productos (contaminantes), métodos de trabajo procesos e instalaciones (análisis de condiciones de trabajo) y los efectos que producen sobre el hombre y su bienestar.

-Evaluación de los riesgos a corto y largo plazo, por medio de la objetivación de las condiciones ambientales y su comparación con los valores límites, necesitando para ello aplicar técnicas de muestreo y/o medición directa y en su caso el análisis de muestras en el laboratorio, para que la mayoría de los trabajos expuestos no contraigan una enfermedad profesional. Control de los riesgos en base a los datos obtenidos en etapas anteriores, así como de las condiciones no higiénicas utilizando los métodos adecuados para eliminar las causas de riesgo y reducir las concentraciones de los contaminantes a límites soportables para el hombre. Las medidas correctoras vendrán dadas, según los casos, mediante la actuación en el foco, trayecto o trabajador expuesto.

Unidades de medida

La concentración de materia contaminante en el aire de origen químico y susceptible de provocar un daño a la salud es extremadamente baja; quiere esto decir que debemos emplear unidades de medida capaces de ponderar esos bajos valores absolutos. Por otra parte, también es necesario emplear las unidades adecuadas para los agentes físicos.

Por todo ello existe cierta terminología que se debe conocer
-p.p.m.: Partes por millón expresadas volumétricamente y medidas a 25°C y 760 mm de Hg.
-mg/m^3: Miligramos por metro cúbico. Expresa la concentración en forma gravimétrica.
-m.p.p.c.f.: Millones de partículas por pie cúbico.
-p.p.c.c: Partículas por centímetro cúbico.
-dB: Decibelio (medida de nivel de presión acústica).

-lux: Intensidad de iluminación recibida.

-µm: Micra, millonésima parte del m.

-µg: Microgramo, millonésima parte del gramo.

-µl: Microlitro, millonésima parte del litro.

-mg: Miligramo.

-m³: Metro cúbico.

-atm Atmósfera: 760 mm. Hg.

Factores de conversión y equivalencia

-mg/m³ = 0.041 x ppm x Pm.

donde Pm = Peso molecular de una sustancia en g/mol medida a 25°C y 760 mm. Hg de presión y supuesto comportamiento ideal. (TLV en ppm) x (Pm de la sustancia en gramos) TLV en mg/m³.

Ramas de la higiene industrial

La higiene del trabajo para evaluar y corregir las condiciones medioambientales partiendo de criterios de validez general se desarrolla a través de:

-La Higiene Teórica.

-La Higiene de Campo.

-La Higiene Analítica.

-La Higiene Operativa.

<u>*Higiene teórica*</u>

Como veremos por las funciones que competen a cada una será preciso la actuación conjunta de todas ellas ya que se encuentran íntimamente ligadas entre sí. Se encargan del estudio de los contaminantes y su relación con el hombre a través de estudios epidemiológicos y experimentación humana o animal, con el objeto de estudiar las relaciones dosis- respuesta o contaminante-tiempo, para establecer unos valores estándar de concentración de sustancias en el ambiente y unos periodos de exposición a los cuales la mayoría de los trabajadores pueden estar continuamente expuestos dentro de su jornada laboral sin que se produzcan efectos perjudiciales para la salud.

Para la fijación de los valores estándar se actúa a dos niveles
1. A nivel de laboratorio: sometiendo a seres vivos a los efectos de contaminantes que se estudian y determinando las alteraciones funcionales que experimentan para posteriormente extrapolar estos resultados y aplicarlos al hombre.

2. A nivel de campo: recogiendo información sobre los compuestos que se manipulan en los procesos industriales.

El conocimiento de la cantidad de contaminante o concentración existente en un medio laboral, unido al tiempo de exposición al mismo, permitirá al experto en Higiene del Trabajo, por comparación con los valores estándar suministrados por la higiene teórica, evaluar el riesgo existente en un determinado puesto de trabajo. La determinación de los valores estándar depende de los criterios de valoración elegidos, siendo los más utilizados en los distintos países aquellos que han tenido su origen en las investigaciones realizadas en este campo por los Estados Unidos y la antigua URSS. La diferencia fundamental entre ambos criterios viene dada por su distinta concepción del riesgo higiénico y sus consecuencias para la salud.

Tipos de valores limite en distintos países

En la antigua URSS se siguió el criterio de no permitir ni tolerar la exposición ante cualquier sustancia que produzca algún cambio fisiológico en el hombre susceptible de ser medido, aunque sea reversible y con independencia de su viabilidad económica o cualquier otro factor. Estados Unidos, por el contrario, sigue el criterio de tolerar la exposición siempre que, en la mayoría de las personas expuestas a determinadas concentraciones, día tras día, no se produzcan efectos perjudiciales para su salud, aunque lógicamente ello dependerá de la susceptibilidad de los trabajadores expuestos. Los valores estándar según este último criterio están referidos a un individuo estadísticamente medio, para un ciclo de trabajo de 8 horas/día y cinco días a la semana y para un periodo de exposición de 30 a 40 años. Los valores límites umbrales (TLV´s) se refieren a concentraciones de sustancias en el aire y representan condiciones bajo las cuales se puede con ar que la mayoría de los trabajadores pueden estar expuestos repetidamente día tras día sin sufrir efectos adversos. No obstante, a causa de la gran variación que existe en la susceptibilidad individual, un pequeño porcentaje de trabajadores puede experimentar alteraciones frente a alguna substancia a concentraciones iguales o menores que los valores límite, y un porcentaje todavía menor puede ser afectado más seriamente por agravación de unas condiciones preexistentes o por el desarrollo de una enfermedad profesional.

Fumar tabaco es peligroso por varias razones; el fumar puede aumentar los efectos biológicos de los agentes químicos presentes en el lugar de trabajo y puede reducir los mecanismos de defensa del cuerpo frente a sustancias tóxicas. Los individuos también pueden ser hiper susceptibles u otro tipo de respuestas inusuales a algunos agentes químicos industriales, debido a factores genéticos, edad, hábitos personales como fumar, medicación o exposiciones anteriores. Cada trabajador puede no estar adecuadamente protegido contra los efectos adversos para la salud de ciertos agentes químicos a concentraciones incluso por debajo del valor límite umbral. Un médico especialista en medicina del trabajo debería evaluar el número de trabajadores que requieren protección individual.

Los valores límite umbral TLV se basan en la mejor información disponible procedente de la experiencia industrial, experimentación con animales y experimentación humana, e incluso de una combinación de las tres fuentes. La base sobre la que se han establecido los valores puede variar de una sustancia a otra.

La entidad y naturaleza de la información disponible para establecer los valores TLV varía de una sustancia a otra; por tanto, la precisión de esos valores está sujeta a variación y debería consultarse la documentación más reciente para asesorarse sobre el contenido y extensión de los datos disponibles para una determinada sustancia.

Esos límites han sido elaborados para su uso en la práctica de la higiene industrial a título de recomendaciones sobre el control de peligros potenciales para la salud y no para otros usos como, por ejemplo, control de daños a la comunidad por contaminación del aire, estimación del potencial tóxico para exposiciones ininterrumpidas, como prueba o refutación de una condición física o enfermedad existente, etc. Estos límites no son una frontera definida entre la concentración segura y la peligrosa, ni tampoco son un índice relativo de toxicidad y no deberán ser utilizados por personas sin preparación en la disciplina de la higiene industrial. Los valores límite umbral (TLV) emitidos por la ACGIH son recomendaciones y deberán utilizarse como directrices para obtener buenos procedimientos. A pesar del hecho de que no es probable que lesiones graves sean consecuencia de exposiciones a concentraciones límite umbral, el mejor procedimiento es mantener las concentraciones de todos los contaminantes atmosféricos tan bajas como sea posible.

De acuerdo con los criterios expuestos los valores límites de referencia más utilizados en los diferentes países son:
Antigua URSS
Concentración máxima permitida (MAK). Concentraciones máximas permitidas que no pueden ser rebasadas en ningún momento. Son valores muy "seguros" desde el punto de vista preventivo, pero técnicamente difíciles de cumplir hoy día.

Estados Unidos y países occidentales
Entre los más conocidos criterios de valoración figuran los propuestos por la American Conference of Governmental Industrial Hygienist (ACGIH) y por el National Institute for Occupational Safety and Health (NIOSH). El criterio propuesto por la ACGIH se basa en los denominados TLV's (TLV-TWA, TLV-C y TLV-STEL) y BEIs.

El criterio propuesto por el NIOSH se basa en los denominados valores REL (REL- TWA y REL-C).

Media ponderada en el tiempo (TLV-T WA) (Threshold Limit Value-Time Weighted Average). (La denominación de TLV-TWA de la ACGIH está registrada). Concentración media ponderada en el tiempo a que puede estar sometida una persona normal durante 8 horas al día o 40 horas semanales, a la cual la mayoría de los trabajadores pueden estar expuestos repetidamente día tras día sin sufrir efectos adversos. Se utiliza para todo tipo de contaminante.

Los valores TLV-TWA permiten desviaciones por encima siempre que sean compensadas durante la jornada de trabajo por otras equivalentes por debajo y siempre que no se sobrepasen los valores TLV- STEL.

Límite de exposición para cortos periodos de tiempo (TLV-STEL) (Threshold Limit Value-Short Term Exposure Limit). Concentración máxima a la que pueden estar expuestos los trabajadores durante un período continuo de hasta 15 minutos sin sufrir trastornos irreversibles o intolerables, La exposición a esta concentración está limitada a 4 veces por día, espaciadas al menos en una hora, y sin rebasar en ningún caso el TLV- TWA diario. Es la concentración máxima a la cual los trabajadores pueden estar expuestos por un corto período de tiempo sin sufrir a) Irritación, b) Cambios crónicos o irreversibles en tejidos orgánicos c) Narcosis en grado suficiente para incrementar la propensión al accidente, impedir el propio rescate, o reducir materialmente la eficiencia en el trabajo. *Para aquellas sustancias de las que no se disponen de datos relativos a* valores STEL, los niveles de exposición de los trabajadores no deben superar

3 TLV-TWA durante 30 minutos en la jornada de trabajo.

5 TLV-TWA bajo ningún concepto.

Valor techo (TLV-C) (Threshold Limit Value-Ceiling). Corresponde a la concentración que no debe ser rebasada en ningún momento. En la práctica convencional de la higiene industrial, si no es factible el control instantáneo, puede evaluarse efectuando muestras cada 15 minutos, excepto para aquellas sustancias que puedan causar irritación inmediata en exposiciones más breves. Coincide con el concepto MAK anteriormente aludido.

Para algunas substancias como, por ejemplo, gases irritantes solamente puede ser relevante una categoría: el TLV-C.

Índice biológico de exposición (BEI). Se utiliza para valorar la exposición a los compuestos químicos presentes en el puesto de trabajo a través de medidas apropiadas en las muestras biológicas tomadas al trabajador, pudiendo realizarse la medida en el aire exhalado, orina, sangre y otras muestras biológicas tomadas al trabajador expuesto.

Los valores fijados para los TLV son objeto de modificación a medida que existen nuevos conocimientos sobre los efectos que los contaminantes producen para la salud.

Declaración de principios para el uso de los TLV´s y BEI´s

La ACGIH publica periódicamente la relación actualizada de sus TLV's, para todo tipo de contaminante, en la que se incluyen concentraciones y tiempos de exposición para más de 500 sustancias y contaminantes físicos que afectan la salud de los trabajadores. Las sustancias cancerígenas se indican específicamente con la letra A, seguida de los números 1 o 2 según esté probado que resulta cancerígeno para las personas o sólo existan sospechas.

Los valores límite umbral (TLV's) y los índices biológicos de exposición (BEI´s) han sido desarrollados como guías para ayudar en el control de los riesgos para la salud y utilizarlas en la práctica de la higiene industrial.

Deben ser interpretadas y aplicadas solamente por personas expertas en esta disciplina. No están pensadas para ser usadas como estándares legales.

A veces se utilizan en los programas de seguridad y salud laborales para contribuir a mejorar la protección del trabajador, pero el usuario debe conocer las restricciones y limitaciones para su utilización apropiada y asumir la responsabilidad por su uso. La extensión del uso de TLV´s y BEI´s a otras aplicaciones, como el uso sin el juicio de un higienista industrial, aplicación a diferentes poblaciones, desarrollo de nuevos modelos de tiempo de exposición/recuperación, etc. puede condicionar su bondad.

No es apropiado que organizaciones o personas utilicen los TLV´s o BEI´s para bajo sus conceptos imponer un determinado valor de estos a para transferir estos valores a los requerimientos estándares legales.

Insistimos en que los valores listados en el manual "Lista de TLV´s" están destinados a utilizarse en la práctica de la Higiene Industrial como guías o recomendaciones para el control de riesgos potenciales para la salud y no para otro uso. Los valores no son líneas definidas de separación entre la concentración segura y la peligrosa y no deben usarse por nadie no formado en la disciplina de higiene industrial. Es imperativo conocer la introducción a cada sección del manual antes de aplicar las recomen- daciones contenidas en ellas. Dado que puede ser que el cáncer sea un proceso de múltiples etapas influenciadas por diferentes causas, el concepto de concentración umbral permisible para una sustancia cancerígena es impreciso; cualquier contaminante o factor implicado que esté constatado como cancerígeno debe ser considerado, en el grado de conocimientos actuales, como peligroso.

Otros parámetros utilizados

Nivel de acción (NA). Es una fracción del VLE y se ha fijado arbitrariamente como un valor por debajo del cual no se considera riesgo alguno.

Límite inmediatamente peligroso para la vida y la salud (IPVS) (En inglés IDLM). Es la máxima concentración a que puede estar sometida una persona durante no más de 30 minutos sin que le cause trastornos irreversibles. Por encima de dicho valor la persona puede tener daños irreversibles, e incluso puede sobrevenirle la muerte.

Conviene recalcar que la utilización de los diferentes valores límites de referencia sólo deberán ser aplicados por personas que posean conocimientos suficientes y experiencia en este campo (higienistas o expertos en higiene del trabajo).

Los valores TLV's publicados por la ACGIH son ampliamente aceptados por la Occupational Safety and Health Administration

(OSHA) como valores PEL (Límites de Exposición Permisible), ya que los TLV's son marca registrada.

Criterios vigentes en España

Hasta 1961 con la promulgación por Decreto de presidencia de Gobierno de 30 de noviembre del "Reglamento de actividades molestas, nocivas, insalubres y peligrosas" no aparece en la normativa legal española un texto normativo que recoja niveles tolerados de contaminantes en el ambiente.

Figuran más de 150 sustancias químicas y sus correspondientes valores de Concentración Máxima Permisible (CMP) basados en los TLV´s de la ACGIH existentes en aquel momento. Posteriormente la legislación incluyó diferentes aspectos higiénicos cuantificables, pero que no han sido actualizados o que carecen de la coherencia y precisión que esta temática requiere. Se comprende entonces el escaso o nulo apoyo legal que el higienista encontró en esta materia, por lo que en general, se utilizaron como criterios de valoración los valores de los TLV's americanos para aquellas sustancias que los tenían establecido.

Como normas positivas con especificaciones concretas en Higiene Industrial cabe citar

-Resolución de 15 de febrero de 1977 sobre el benceno. Empleo de disolvente y otros compuestos que lo contienen. (B.O.E. de 11 de marzo de 1977).

-Real Decreto 1.316/89 de 27 de octubre sobre protección de los trabajadores frente a los riesgos derivados de la exposición al ruido durante el trabajo. (B.O.E. de 2 de noviembre de 1989).

-Orden de 31 de octubre de 1984 por la que se aprueba el Reglamento sobre trabajos con riesgo de amianto (B.O.E. de 7 de noviembre de 1984).

-Orden de 9 de abril de 1986 por la que se aprueba el Reglamento para la prevención de riesgos y protección de la salud de los trabajadores en presencia de plomo metálico y sus compuestos iónicos en el ambiente de trabajo (B.O.E. de 24 de abril de 1986).

-Orden de 9 de abril de 1986 por la que se aprueba el Reglamento para la prevención de riesgos y protección de la salud de los trabajadores en presencia de Cloruro de vinilo monómero en el ambiente de trabajo (B.O.E. de 6 de mayo de 1986).

No obstante, desde mediados de 1999 el Instituto Nacional de Seguridad e Higiene en el Trabajo ha editado una publicación sobre los límites de exposición profesional para agentes químicos.

La Comisión Nacional de Seguridad y Salud en el Trabajo ha acordado recomendar

Que se apliquen en los lugares de Trabajo los límites de exposición indicados en la guía del INSHT titulada "Documento sobre límites de exposición profesional para agentes químicos en España" y que su aplicación se realice con los criterios establecidos en dicho documento.

Además, se ha recomendado la máxima difusión de este documento, así como las revisiones anuales necesarias.

Límites de exposición profesional para agentes químicos en España

Las disposiciones relativas a la evaluación de riesgos de la Ley 31/1995, de 8 de noviembre, de Prevención de Riesgos Laborales, y del Real Decreto 39/19 de 17 de enero, por el que se aprueba el Reglamento de los Servicios Prevención, implican la necesaria utilización de valores límite de exposición para poder valorar los riesgos específicos debidos a la exposición a agentes químicos. Como ya hemos visto, en la actualidad, la legislación española relativa a valores límite de exposición profesional se encuentra recogida en el Reglamento de actividades molestas, insalubres, nocivas y peligrosas (RAMINP), aprobado por Decreto 2.414/1961, de 30 noviembre, y en otras disposiciones específicas más recientes relativas al benceno, al plomo metálico y compuestos inorgánicos, al cloruro de vinilo y a las fibras de amianto. No obstante, la disponibilidad de nuevos datos toxicológicos, la evolución de la técnica y las numerosas sustancias y preparados existentes en el mercado han creado una situación de desfase del RAMINP, siendo, por este motivo, práctica común en nuestro país la aplicación de otros valores límite de exposición, en general más exigentes; habitualmente los valores Threshold Limit Values (TLV) de la American Conference of Governmental Industrial Hygienists (ACGIH) de los EE. UU.

Paralelamente, la Directiva 98/24/CE del Consejo, de 7 de abril de 1998, que Estados miembros han de trasponer a su ordenamiento jurídico antes del 5 mayo del 2001, relativa a la protección de la salud y la seguridad de los trabajadores contra los riesgos relacionados con los agentes químicos durante el trabajo impone a los Estados miembros el establecimiento de valores límite nacionales exposición profesional para los agentes químicos que tengan fijado un valor límite indicativo de exposición a escala comunitaria.

Esta disposición está dirigida a la actualización y progresiva armonización de los límites de exposición profesional europeos, a medida que se vayan fijando dichos valores limite indicativos, pero basándose en la existencia o el establecimiento de listas de valores legales nacionales en cada Estado miembro.

Ante esta situación y de acuerdo con las disposiciones del Artículo 5 del citado Real Decreto 39/1997, el I.N.S.H.T. ha adoptado los valores límite de exposición profesional y los valores limite biológicos contenidos en este documento, así como los criterios básicos para su utilización en la evaluación y control de los riesgos derivados de la exposición profesional a agentes químicos que exige la Ley Prevención de Riesgos Laborales.

Los valores adoptados tienen carácter de recomendación y constituyen solamente una referencia técnica. No son, por tanto, valores legales nacionales, que sólo pueden ser establecidos por las autoridades competentes.

Los conceptos y valores incluidos en esta recomendación son el resultado de una evaluación crítica de los valores límite de exposición establecidos por las entidades que se citan en la bibliografía, teniendo en cuenta, fundamentalmente, en el caso de los valores que son discrepantes en las listas de las distintas entidades, la fecha de su actualización, la fiabilidad de los datos utilizados para el establecimiento de cada uno de ellos y los criterios de la U.E. para la adopción de los límites de exposición comunitarios.

La lista de los valores limite adoptados será ampliada y revisada, al menos anualmente, en función de las necesidades que planteen los cambios en los procesos de producción y la introducción de nuevas sustancias, de los nuevos conocimientos técnicos y científicos, así como de la evolución del marco legal en el que se apliquen.

Objetivo y ámbito de aplicación

Los Limites de Exposición Profesional son valores de referencia para la evaluación y control de los riesgos inherentes a la exposición, principalmente por inhalación, a los agentes químicos presentes en los puestos de trabajo y, por lo tanto, para proteger la salud de los trabajadores y a su descendencia.

No constituyen una barrera definida de separación entre situaciones seguras y peligrosas.

Los Límites de Exposición Profesional se establecen para su aplicación en la práctica de la Higiene Industrial y no para otras aplicaciones. Así, por ejemplo, no deben utilizarse para la evaluación de la contaminación medioambiental de una población, de la contaminación del agua o los alimentos, para la estimación de los índices relativos de toxicidad de los agentes químicos o como prueba del origen, laboral o no, de una enfermedad o estado físico existente.

En este libro se considerarán como Límites de Exposición Profesional los valores límite ambientales (VLA), contemplándose, además, como complemento indicador de la exposición, los Valores Límite Biológicos (VLB).

Definiciones

A los efectos de este documento son de aplicación las siguientes definiciones

-Agente Químico: Todo elemento o compuesto químico, por si solo o mezclado, tal como se presenta en estado natural o es producido, utilizado o vertido, incluido el vertido como residuo, en una actividad laboral, se haya elaborado o no de modo intencional haya comercializado o no.

-Puesto de trabajo: Con este término se hace referencia tanto al conjunto de actividades que están encomendadas a un trabajador concreto como al espacio físico en que éste desarrolla su trabajo. (Directiva 93/24/CE del Consejo de 7/4/98 DOL 131 de 5/5/98 p 11).

-Zona de respiración: El espacio alrededor de la cara del trabajador del que éste toma el aire que respira.

Con fines técnicos, una definición más precisa es la siguiente: semiesfera de 0,3 m de radio que se extiende por delante de la cara del trabajador, cuyo centro se localiza en el punto medio del segmento imaginario que une ambos oídos y cuya base está constituida por el plano que contiene dicho segmento, la parte más de la cabeza y la laringe. (EN 1540 Workplace atmospheres Terminology).

-Periodo de referencia: Periodo especificado de tiempo, establecido para el valor límite de un determinado agente químico. El período de referencia para el límite de larga duración habitualmente de 8 horas, y para el límite de corta duración, de 15 minutos. (UNE-EN 689 Atmósferas en el lagar de trabajo Directrices para la evaluación de la exposición por Inhalación agentes químicos para la comparación con los valores límite y estrategia de la medición).

-Exposición: Cuando este término se emplea sin calificativos hace siempre referencia a la respiratoria, es decir, a la exposición por inhalación.

Se define como la presencia de un agente químico en el aire de la zona de respiración del trabajador.

Se cuantifica en términos de la concentración del agente, obtenida de las mediciones de exposición, referida al mismo período de referencia que el utilizado para el valor límite aplicable.

En consecuencia, pueden definirse dos tipos de exposición:

-Exposición diaria (ED). Es la concentración media del agente químico en la zona de respiración trabajador-medida, o calculada de forma ponderada con respecto al tiempo para la jornada laboral real y referida a una jornada estándar de 8 horas diarias.

Referir la concentración media a dicha jornada estándar implica considerar el conjunto de las distintas exposiciones del trabajador a lo largo de la jornada real de trabajo, cada una con su correspondiente duración, como equivalente a una única exposición uniforme de 8 horas.

Así pues, la ED puede calcularse matemáticamente.

Nota: A efectos del cálculo de la ED de cualquier jornada laboral, la suma de los tiempos de exposición que se han de considerar en el numerador de la fórmula anterior será igual a la duración real de la jornada en cuestión, expresada en horas.

-Exposición de corta duración (EC). Es la concentración media del agente químico en la zona de respiración del trabajador, medida o calculada para cualquier periodo de 15 minutos a lo largo de la jornada laboral, excepto para aquellos agentes químicos para los que se especifique un período de referencia inferior, en la lista de Valores Limite.

Lo habitual es determinar las EC de interés, es decir, las del periodo o periodos de máxima exposición, tomando muestras de 15 minutos de duración en cada uno de ellos. De esta forma, las concentraciones muestrales obtenidas coincidirán con las EC buscadas.

No obstante, si el método de medición empleado, por ejemplo, basado en un instrumento de lectura directa, proporciona varias concentraciones dentro de cada período de 15 minutos, la EC correspondiente se calculará matemáticamente.

Nota: La suma de los tiempos de exposición que se han de considerar en la fórmula anterior será igual a 15 minutos.

-Indicador Biológico (IB). A efectos de lo contemplado en este documento se entiende por indicador biológico un parámetro apropiado en un medio biológico del trabajador, que se mide en un momento determinado, y está asociado, directa o indirectamente, con exposición global, es decir, por todas las vías de entrada, a un agente químico.

Como medios biológicos se utilizan el aire exhalado, la orina, la sangre y otros. Según cuál sea el parámetro, el medio en que se mida y el momento de la toma muestra, la medida puede indicar la intensidad de una exposición reciente, la exposición promedio diaria o la cantidad total del agente, acumulada en el organismo, es decir, la carga corporal total.

En este libro se consideran dos tipos de indicadores biológicos
-IB de dosis. Es un parámetro que mide la concentración del agente químico de alguno de sus metabolitos en un medio biológico del trabajador expuesto.
-IB de efecto. Es un parámetro que puede identificar alteraciones bioquímicas reversibles, inducidas de modo característico por el agente químico al que está expuesto el trabajador.

Valores limite ambientales (VLA)
Son valores de referencia para las concentraciones de los agentes químicos en el aire, y representan condiciones a las cuales se cree, basándose en los conocimientos actuales, que la mayoría de los trabajadores pueden estar expuestos 8 horas diarias y 40 semanales, durante toda su vida laboral, sin sufrir efectos adversos para su salud. Se habla de la mayoría y no de la totalidad puesto que, debido a la amplitud las diferencias de respuesta existentes entre los individuos, basadas tanto en factores genéticos como en hábitos de vida, un pequeño porcentaje de trabajador podría experimentar molestias a concentraciones inferiores a los VLA, e incluso resultar afectados más seriamente, sea por agravamiento de una condición previa o desarrollando una patología laboral. Los VLA se establecen teniendo en cuenta la información disponible, procedente de la

analogía fisicoquímica de los agentes químicos, de los estudios experimentación animal y humana, de los estudios epidemiológicos y de la experiencia industrial. Los VLA sirven exclusivamente para la evaluación y el control de los riesgos por inhalación de los agentes químicos incluidos en la lista de valores. Cuando uno de estos agentes se puede absorber por vía cutánea, sea por la manipulación directa del mismo, sea a través del contacto de los vapores con las partes desprotegidas de la piel, y esta aportación pueda resultar significativa para la dosis absorbida por el trabajador, el agente en cuestión aparece señalizado en la lista con la notación "vía dérmica". Esta llamada advierte, por una parte, de que la medición de la concentración ambiental puede no ser suficiente para cuantificar la exposición global y, por otra, de la necesidad de adoptar medidas para prevenir la absorción cutánea.

El valor límite para los gases y vapores se establece originalmente en ml/m^3 (ppm), valor independiente de las variables de temperatura y presión atmosférica, pudiendo también expresarse en mg/m^3 para una temperatura de 20 °C y una presión de 101,3 kPa, valor que depende de las citadas variables. El valor límite para la materia particulada no fibrosa se expresa en mg/m^3 o submúltiplos y el de fibras, en fibras/m^3 o fibras/cm^3, en ambos casos para las condiciones reales de temperatura y presión atmosférica del puesto de trabajo.

Esto significa que las concentraciones medidas en estas unidades, en cualesquiera de las condiciones de presión y temperatura, no requieren ninguna corrección para ser comparadas con los valores límite aplicables.

-Tipos de Valores Límite Ambientales. Se consideran las siguientes categorías de VLA:

-Valor Límite Ambiental-Exposición Diaria (VLA-ED).

Es el valor de referencia para la Exposición Diaria (ED), tal y como ésta ha sido definida anteriormente.

-Valor Límite Ambiental-Exposición de Corta Duración (VLA-EC).

Es el valor de referencia para la Exposición de Corta Duración (EC), tal y; como ésta se ha definido anteriormente.

El VLA-EC no debe ser superado por ninguna EC a lo largo de la jornada laboral.

Para aquellos agentes químicos que tienen efectos agudos reconocidos pero cuyos principales efectos tóxicos son de naturaleza crónica, el VLA-EC constituye un Complemento del VLA-ED y, por tanto, la exposición a estos agentes habrá de valorarse en relación con ambos límites.

En cambio, a los agentes químicos de efectos principalmente agudos como, por ejemplo, los gases irritantes, sólo se les asigna para su valoración un VLA-EC.

-Límites de Desviación (LD). Pueden utilizarse para controlar las exposiciones por encima del VLA-ED, dentro de una misma jornada de trabajo, de aquellos agentes químicos que lo tiene asignado.

No son nunca límites independientes, sino complementarios de los VLA que se hayan establecido para el agente en cuestión, y tienen un fundamento estadístico.

Para los agentes químicos que tienen asignado VLA-ED, pero no VLA-EC establece el producto de 3 x VLA- ED como valor que no deberá superarse durante más de 30 minutos en total a lo largo de la jornada de trabajo, no debiéndose sobrepasar en ningún momento el valor 5 x VLA-ED.

Lista de valores límite ambientales de exposición profesional
A continuación, se incluye una lista parcial de Valores Limite Ambientales de Exposición Profesional, considerando en dos columnas los de Exposición Diaria (VLA-ED) los de Exposición de Corta Duración (VLA-EC) para los agentes químicos, identificados por sus números EINECS y CAS, indicándose además en la columna Notas las observaciones necesarias para mayor información.

Normativa derivada de Directivas CE
Como consecuencia de la transposición de determinadas Directivas a la legislación española se han incorporado nuevos criterios de referencia para algunos contaminantes específicos, que mencionamos de pasada pues es necesario estudiarla.

<u>Higiene de campo</u>
Esta rama de la higiene del trabajo que se ocupa del estudio y reconocimiento de los contaminantes y condiciones de trabajo, identificando los peligros para la salud, evaluando los riesgos higiénicos y sus posibles causas y adoptando las medidas necesarias para su control. Para la realización de esta función el experto en higiene de campo se auxilia, como instrumento de trabajo, de la encuesta higiénica. En ella utiliza la información suministrada por la propia empresa y los trabajadores afectados, documentación apropiada, instrumental de campo previamente

calibrado y una gran experiencia que le permita, a partir de sus conocimientos técnicos, poder aplicar con la debida precaución a los valores que se obtengan los criterios higiénicos.

El higienista industrial debe estar capacitado para:
- Reconocer los factores ambientales y comprender sus efectos sobre el hombre y la salud.
- Evaluar los riesgos derivados de los factores ambientales.
- Controlar los riesgos adoptando los métodos adecuados para su eliminación o reducción.

Encuesta higiénica
En la encuesta higiénica se analizan los diferentes factores que intervienen en un problema higiénico permitiendo la aplicación de medidas técnicas o médicas de control y la reducción de las situaciones de riesgo.

Se pueden distinguir diferentes tipos de encuesta higiénica, y el proceso puede llegar a ser bastante complejo por lo que no deben adoptarse posturas simplistas que podrían conducir a un tratamiento totalmente erróneo del problema.

Higiene analítica
Podemos definir la higiene analítica como la Química analítica aplicada a la Higiene del Trabajo.

Se encarga de procesar muestras y determinar en ellas cualitativa y cuantitativamente los contaminantes químicos presentes en el ambiente de trabajo.

Son funciones de higiene analítica

a) Análisis de materias primas u otros productos que puedan ser focos de contaminación.

b) Análisis de los componentes químicos presentes en el ambiente laboral.

c) Análisis de los contaminantes presentes en fluidos biológicos de personas expuestas a ellos.

d) Investigación dirigida a mejorar los métodos analíticos ya existentes y a estudiar los efectos toxicológicos de diversos contaminantes químicos.

Las técnicas usadas en los análisis en esta rama de la higiene han de ser muy sensibles, operándose frecuentemente dentro de la escala "micro", ya que las cantidades de contaminantes presentes en los soportes del aparato de toma de muestras que se manejan son muy pequeñas.

Análisis preparatorio

La misión del análisis preparatorio es la preparación de las muestras, dirigida a aumentar la sensibilidad de las distintas técnicas que vayan a emplearse pues se manejan cantidades muy pequeñas de producto.

Análisis instrumental

La misión es la aplicación de las técnicas fisicoquímicas al análisis de muestras, fundamentalmente técnicas cromatográficas, espectrométricas y microscópicas (óptica y electrónica).

El método analítico

En el campo de la Higiene Industrial o contaminación ambiental, cuando se hace referencia al método analítico, la tendencia más generalizada es asociarlo con análisis, pero prácticamente nunca con la toma de muestras.

1.º El contaminante presente en el aire es transferido mediante el correspondiente sistema de captación o toma de muestras a un soporte lo que origina la Muestra.

2.º La muestra tras su preparación correspondiente, es analizada mediante Técnica Analítica apropiada (estableciéndose otro rendimiento, que se conoce como Coeficiente de Recuperación).

Ambos rendimientos, de retención y recuperación pueden calcularse parcialmente, o directamente de forma global.

No obstante, es su valor global, quien realmente expresa la exactitud o error del método analítico y es el que deberá ser considerado cuando haya necesidad de corregir el resultado.

Características del método analítico

Los métodos analíticos se preparan y son útiles para medir una substancia concreta bajo unas circunstancias determinadas.

Estos datos, junto con varios aspectos de la calidad de su respuesta, determinada mediante pruebas oportunas, constituyen las denominadas características del método.

Las principales características del Método Analítico son:

-Especificidad: Grado en que se determina un compuesto concreto y sólo éste.

-Interferencias: Número y Tipo de compuestos que interfieren positiva o negativamente en la respuesta del método, falseándola.

-Límite de detección: Concentración Mínima capaz de detectar.

-Margen de trabajo: Intervalo de Concentración del analito en la aplicación del método que da buenos resultados.

-Precisión y exactitud: Definir el grado de fiabilidad de los resultados.

Evaluación del riesgo higiénico

Una vez se dispone de los datos recogidos en la primera etapa de la encuesta higiénica que han permitido la identificación del riesgo y determinar la magnitud del problema higiénico a partir del conocimiento de las concentraciones ambientales (contaminantes químicos) y/o niveles de intensidad (agentes físicos), el número de trabajadores expuestos y el tiempo y periodicidad de las exposiciones, se evalúan los riesgos detectados que deberá realizarse para cada puesto de trabajo.

En cuanto a la evaluación de los contaminantes químicos debemos disponer para cada uno de ellos los siguientes datos

-Concentración promedio permisible (CPP), VL o TLV-TWA de las sustancias que se manejen de conocidos efectos, irritantes, tóxicos, etc. para la salud del trabajador.

-TLV-STEL en los lugares donde, además, existan altas concentraciones de los contaminantes durante cortos períodos de tiempo.

-CMP (concentración máxima permitida) o TLV-C en aquellos casos en que sea necesario por tener ese valor.

-Ci (concentración del contaminante en el ambiente).

-t (tiempo de exposición al riesgo en h/día).

A partir de estos datos se procederá según se trate de un sólo contaminante o de varios contaminantes.

Caso de un contaminante

Se procede a determinar el porcentaje de "Dosis Máxima Permisible" (%DMP) a partir de la expresión:

%DMP = Ci / TLV-TWA x t / 8 x 100 = K Si K > 100 Existe riesgo higiénico. Si K < 50 No existe riesgo higiénico. Si 50 < K < 100 Existen dudas sobre el riesgo higiénico. Debe completarse el estudio. En la aplicación de este cálculo deben tenerse en cuenta que:

-Si el valor de la concentración de contaminantes alcanza el valor techo TLV-C, es este valor y no el %DMP el que determinará la existencia de riesgo, ya que aún con valores muy bajos de %DMP, para corta exposiciones, puede existir riesgo higiénico.

-Si los tiempos de exposición del trabajador son cortos y las concentraciones en el ambiente superan el TLV deberán tenerse en cuenta el TLV-STEL o el valor de la desviación del TLV-TWA (3 o 5 TLV-TWA, en 30 minutos o bajo ningún concepto respectivamente, si no existe el TLV-STEL).

Tener mucha prudencia al extrapolar los datos o los periodos de tiempo; en general, el resultado no suele ser correcto, debido a la gran variabilidad de concentración del contaminante.

Evaluaciones periódicas

Además, deberá seguir cumpliéndose para cada contaminante independientemente las condiciones establecidas en el caso anterior. Un ejemplo típico de evaluación higiénica puede ser la evaluación higiénica de un proceso de soldadura. De la base del metal soldado puede generarse óxidos de Cr y Ni si se trata de acero inoxidable, óxidos de Fe y Mn si se trata de acero al carbono; si el metal está galvanizado, niquelado, cromado, etc. pueden encontrarse en los humos de soldadura los respectivos óxidos. Si el metal está tratado con una imprimación de minio podemos encontrar óxidos de Pb, si está engrasado puede aparecer acroleína, si está desengrasado con tricloroetileno puede formarse fosgeno, etc. También pueden aparecer contaminantes del material de aporte o bien de reacciones con el aire, dando óxidos de nitrógeno y ozono.

Higiene operativa

Para poder conseguir la eliminación del riesgo higiénico o si no es posible, reducirlo hasta límites aceptables (no perjudiciales para la salud), la Higiene Operativa debe actuar sobre los diferentes factores que intervienen en el proceso en el orden que sigue:

1. Foco emisor del contaminante.
2. Medio de Difusión del contaminante.

3. Trabajadores expuestos.

De todas las medidas expuestas en el cuadro siguiente, las más eficaces desde el punto de vista de la Higiene del Trabajo son las que actúan sobre el foco emisor del contaminante, actuando sobre el medio difusor cuando no ha sido posible la eliminación del foco y, por último, sólo sobre los trabajadores expuestos cuando no ha sido posible actuar sobre los anteriores estados o como medida complementaria de otras medidas adoptadas.

La última etapa del estudio higiénico concluye con la elaboración del informe técnico, el cual debe responder a una presentación lógica, sencilla y comprensible, utilizando la terminología correcta de forma que no pueda dar lugar a confusión.

En el mismo deben contemplarse

-Antecedentes, Se incluirán los datos relativos a la identificación de la empresa y actividad, motivo del estudio, etc.

-Metodología, Se incluirán los datos relativos a días y horas de presencia en la empresa para la realización, con indicación de las personas consultadas y datos recogidos, mediciones efectuadas con instrumentos de lectura directa, análisis de riesgos, etc.

-Toma de muestras, Debe explicar todas las circunstancias del muestreo, características del local, descripción del proceso y los puestos analizados, haciendo referencia para cada uno de ellos a trabajadores expuestos, resultados de las mediciones técnicas de muestreo e instrumentos utilizados, tiempos de exposición, y concentración media ponderada para cada contaminante.

-Conclusiones, Este apartado debe contener la valoración de los riesgos existentes por comparación de las concentraciones obtenidas con los valores de referencia legales o universalmente aceptados cuando la normativa legal no lo contemple y las recomendaciones sugeridas para su control, ya sean individuales o colectivas.

Sería conveniente el apoyo documental del informe con la inclusión de planos, esquemas, registro de datos, fotografías, etc.

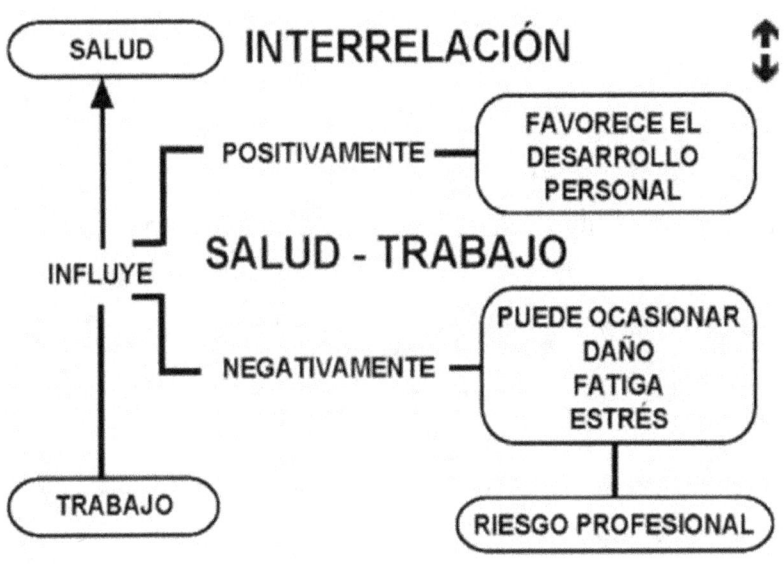

Agentes contaminantes

De acuerdo con la diversidad de propiedades, estos presentan una gran variedad de posibles riesgos a la salud de los trabajadores, si entran en contacto directo con el organismo.
Dependiendo del material de que se trate y su forma de entrada al organismo será el daño que causen, pudiendo ser este de efecto inmediato o por varios años dando como resultado daños irreversibles.

Para determinar el daño que se produce, se utilizan diferentes criterios
-Tipo de agente.
-Vía de entrada.
-Tiempo de exposición.
-Grado de concentración de los agentes contaminantes.

Los agentes contaminantes se clasifican en:
-Agentes físicos.
- Ruido.
- Radiaciones ionizantes (ultravioleta, infrarrojos, láser, radio, etc.).
- Vibraciones.
- Ventilación.
- Iluminación.
- Presión.
- Temperatura.

-Agentes químicos.
- Nieblas.
- Humos.
- Vapores.
- Gases.
- Polvos.

-Agentes biológicos.
- Bacterias.
- Hongos.
- Insectos.

-Agentes ergonómicos.
- Mal diseño.
- Operaciones inadecuadas.
- Condiciones inadecuadas.
- Relaciones laborales inadecuadas.

Vías de entrada del agente contaminante al organismo

-Auditiva: Ruido alto y bajo, golpeteo, vibraciones.
-Visual: Poca iluminación, radiaciones, temperatura y brillantes.
-Respiratoria: Polvos, gases, humos, vapores, neblinas.
-Digestivas: Cosas que se toman o beben antihigiénicas.
-Cutáneas: Agentes que irritan la piel.

Medidas de detección de agentes contaminantes
En el medio ambiente laboral

La medición y detección de los contaminantes, algunos fabricantes han puesto a disposición del comercio instrumentos que permiten la detección y la evaluación de concentraciones de algunos contaminantes. estos instrumentos detectan en una zona determinada cuando los agentes exceden los niveles de contaminación, activando una alarma.

En el organismo

Lo más importante para la detección son los exámenes médicos físicos periódicos. Él médico que los realiza trata de evaluar los antecedentes familiares que tenga el trabajador. Por otro lado, la medicina del trabajo o la higiene industrial deben investigar el medio ambiente para poder detectar las enfermedades de trabajo.

Enfermedades profesionales

Enfermedades de trabajo, es todo estado patológico que tenga su origen en el trabajo o en el medio en que el trabajador se ve obligado a presentar sus servicios.

Medidas de prevención de enfermedades profesionales
-Conocer las características de cada uno de los contaminantes.
-Vigilar el tiempo máximo.
-Mantener ordenado y limpio el lugar de trabajo.
-Usar adecuadamente el equipo de protección personal.
-Someterse a exámenes médicos iniciales y periódicos.

Las enfermedades causadas por temperaturas altas se pueden prevenir
-Evitando la existencia de temperaturas altas.

-Proporcionando pastillas de sal a los trabajadores, acompañados por grandes cantidades de líquidos.
-Concediendo descansos periódicos.
-Usando el equipo de protección más adecuado.

Las enfermedades causadas por la expansión a polvos, gases, humos o vapores se pueden prevenir así:
-Identificar la sustancia contaminante.
-Limitar la exposición.

Las enfermedades causadas por ruidos se pueden prevenir
-Eliminar las fuentes de ruido.
-Aislar al personal.
-Seleccionar características de ruido y vibraciones bajas.
-Ruido: Sonido no diseñado, es una forma de vibración.
Los efectos del ruido sobre los trabajadores incluyen:
-Efectos psicológicos como alarmar, distraer, etc.
-Interferencias de la comunicación hablada.
-Efectos fisiológicos como perdida de la capacidad auditiva.

Medicina del trabajo
Estudia y previene las consecuencias de las condiciones materiales y ambientales sobre los trabajadores, para ello utiliza la medicina preventiva, campañas, promociones de salud.

Primeros auxilios
La vida nos impone cada día una mayor cantidad de riesgos.

Como consecuencia natural de tal situación ha surgido la prevención de accidentes y primeros auxilios como medio de defensa, tanto para evitarlos como para controlar sus consecuencias.

Los primeros auxilios son los cuidados inmediatos y temporales que se deben dar a la víctima de un accidente o una enfermedad repentina.

Beneficios

-Prevenir accidentes.

-Evitar lesiones.

-Suministrar al lesionado transporte adecuada.

-Aliviar el dolor físico y moral.

Qué se debe hacer

-Actuar de inmediato.

-Que una persona tome el mando de la situación.

-En caso de incendio, se procederá con el mayor cuidado,

-Mantenga acostada a la víctima.

-Examine a la víctima para buscarle lesiones.

-Hemorragias.

-Carencia de respiración.

-Paro cardiaco.

-Quemaduras químicas.

-Shock.

-Huesos rotos.

-Quemaduras por temperatura.

-Heridas, etc.

Vendas

Para aplicar vendaje, debe escogerse la venda más adecuada al lugar y tipo de lesión de que se trate.

Vendaje

El vendaje debe comenzarse por la parte más delgada del miembro lesionado aplicándole dos vueltas antes de avanzar. La venda no debe estar tan apretada que interrumpa la circulación ni tan floja que se caiga.

Botiquín

Pequeña farmacia portátil, varía de acuerdo con la empresa, industria o fábrica.

Exámenes medico periódicos

Estarán siempre reglamentados por las autoridades competentes.

Comisiones mixtas de higiene y seguridad

La participación de los patrones y de los trabajadores se fundamental para estructurar medidas preventivas acordes a las situaciones de riesgo en los centros de trabajo. Con el propósito de generar esta participación se han establecido las comisiones de seguridad e higiene, organismos que se encargan de vigilar el cumplimento de la normatividad de esta materia.

La comisión de seguridad e higiene es el organismo por medio del cual el patrón puede conocer las desviaciones de seguridad e higiene en los siguientes aspectos:

-El cumplimiento de la normatividad en seguridad e higiene.
-Mantenimiento de las instalaciones y maquinarias.
-Programas preventivos de seguridad.
-Manejo adecuado del equipo de protección personal.
-Programa de capacitación en seguridad e higiene.

Según los fundamentos legales de las comisiones de seguridad e higiene, a través de la ley federal del trabajo en el artículo 509, menciona que en cada empresa o establecimiento se organizaran las comisiones de seguridad e higiene que se juzguen necesarias, compuestas por igual número de representantes de los trabajadores y del patrón para investigar las causas de los accidentes y enfermedades; proponer medidas para prevenirlos y vigilar que se cumplan. Así, el artículo 510 que señala que dichas comisiones serán desempeñadas gratuitamente, dentro de las horas de trabajo.

En el reglamento general de seguridad e higiene en el trabajo, los artículos que se refieren a las comisiones son:

ART.193.- La Secretaria del Trabajo y Prevención Social, con el auxilio del departamento del Distrito Federal y de las autoridades de los estados, y con la participación de los patrones y los trabajadores o sus representantes, promoverá la integración de comisiones de seguridad e higiene en los centros de trabajo. Dichas comisiones deberán constituirse en un plazo no mayor de treinta días a partir de la fecha de iniciación de las actividades y ser registradas ante las autoridades competentes.

ART. 197.- El patrón deberá designar a sus representantes de las comisiones de seguridad e higiene y los representantes de los trabajadores deberán ser designados por el sindicato. Cuando no exista sindicato, la mayoría de los trabajadores hará designación respectiva.

ART. 202.- Las comisiones de seguridad e higiene deberán efectuar como mínimo una visita mensual a los edificios e instalaciones y equipos de los centros de trabajo, a fin de verificar las condiciones de seguridad que prevalezcan en los mismos; deberían realizar tantos recorridos como juzguen necesario a los sitios de trabajo que, por su peligrosidad lo requieren, y participación en la investigación de todo riesgo consumado, así como la formulación y afiliación de las medidas para suprimir las causas que lo produjeron.

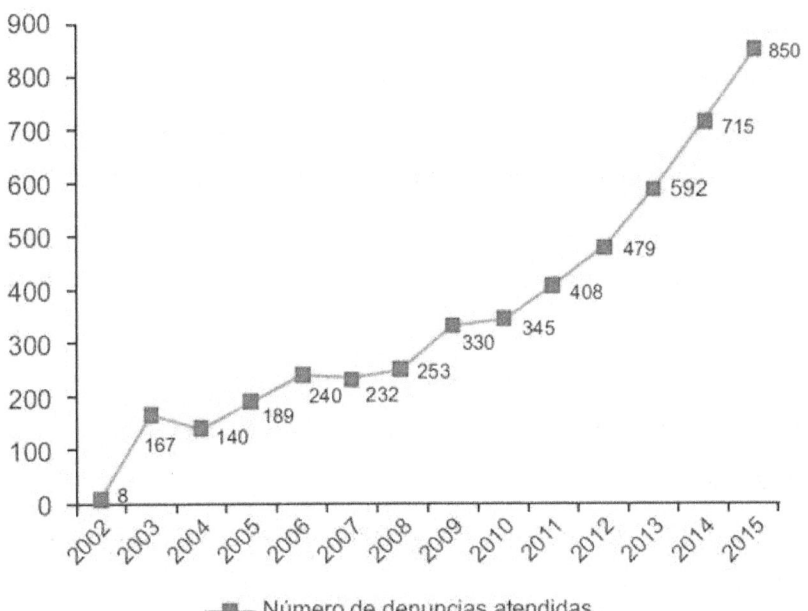

Agentes biológicos

La exposición a agentes vivos, o sus derivados, son capaces de originar cualquier infección, alergia o toxicidad en el hombre, ocasionando enfermedades de tipo infeccioso o parasitario.

Enfermedades transmisibles
-Enfermedad transmisible: Cualquier enfermedad causada por transmisión de un agente infeccioso específico o sus productos tóxicos, desde una persona o animal infectado (o de un reservorio) a un huésped susceptible, directa o indirectamente por medio de un huésped intermediario, de naturaleza vegetal o animal, de un vector o del medio ambiente inanimado.
Ej.: tétano, hepatitis B.
-RD 664/1997: Los agentes biológicos son microorganismos, con inclusión de los genéticamente modificados, cultivos celulares y endoparásitos humanos, así como sus derivados, susceptibles de originar cualquier tipo de infección, alergia o toxicidad.
-Riesgos biológicos: -Picaduras y mordeduras de animales domésticos o salvajes. -Infecciones agudas y crónicas por microorganismos: virus y bacterias. -Enfermedades producidas por hongos. -Parásitos por animales microscópicos (protozoos) o grandes (artrópodos, helmintos). -Reacciones tóxicas por inhalación o contacto de productos vegetales o animales. -Reacciones alergias a sustancias vegetales o animales en forma de polvo.

Propagación en el medio laboral

Los procesos producidos por virus, hongos y parásitos son transmisibles entre huéspedes (seres humanos o animales).

-En el medio laboral: Enfermedades portadas por un animal superior (zoonosis), que es el huésped inicial y lo propaga al trabajador que está en contacto.

-Las zoonosis se transmite por medio de artrópodos que actúan como huéspedes intermedios.

-Transmisión a partir de otros seres humanos huéspedes iniciales, por medio del aire o de utensilios o dispositivos de uso personal o compartido.

-Propagación de agentes vivos microscópicos al trabajar con enfermos, sector sanitario (la sangre y secreciones).

-Manipulación de productos contaminados, a través de heridas o simple desprendimiento al medio ambiente.

La aparición de la enfermedad no siempre se produce y es desigual entre personas por la predisposición personal, el sistema inmunológico es diferente, como en el caso de trabajadores de otras zonas geográficas que no han sido inmunizados.

-Medios de transmisión: Por simple contacto: por ej.: los hongos superficiales como las dermatofitosis, del grupo tiña.

-Penetra a través de heridas: pasando al torrente circulatorio o infección en capas profundas de la piel.

-Por inhalación o ingestión: afectando a órganos específicos o produciendo infección generalizada en el organismo (sepsis). Los "organismos oportunistas" afectan a los seres humanos cuando están bajos de defensas; hongos no oportunistas y hongos superficiales y subcutáneos, que invaden en profundidad el organismo.

-Por inhalación y contacto también reacciones de hipersensibilidad (alergia) por antígenos de hongos que, inhalados como polvo provocan neumonitis tipo asma.

-Trabajadores de especial riesgo: -Medio agrario y ganadero.

-Manipulación de productos contaminados, normalmente de naturaleza orgánica en laboratorios de origen humano, animal o vegetal.

-Industrias alimentarias por zoonosis.

-Trabajo con materiales como cuero, lana y textiles de origen animal.

-Personal de asistencia a enfermos.

-Trabajadores en medios con suciedad orgánica o en condiciones de hacinamiento.

Suelen llegar a través de estos mecanismos

-Vía dérmica, contacto.

-Vía parental, heridas de la piel.

-Vía inhalatoria por el aire.

Tipos de agentes biológicos

RD 664/1997, de 12 de mayo, sobre Protección a los trabajadores contra los riesgos, relacionados con la exposición a agentes biológicos, durante el trabajo, contempla, dentro de la definición de agentes biológicos, a: -Los microorganismos, también los genésicamente modificados (virus, y organismos unicelulares como bacterias, protozoos, algas y hongos).

-Organismos pluricelulares animales y vegetales, como artrópodos, insectos, besitos, arácnidos, etc., y plantas como los cereales. Algunos sin endoparásitos humanos.
-Cultivos celulares.

Contaminantes biológicos
-Derivados animales: excrementos, restos cutáneos, sustancias antigénicas y larvas de pequeños invertebrados.
-Derivados vegetales: polen, polvo, esporas fungidos, micotoxinas y sustancias antígenas como los antibióticos.

Hábitats y medios de propagación
-Agua de la red de abastecimiento y de uso industrial para bacterias y protozoos.
-Aire con agentes biológicos en suspensión.
-El suelo.
-Los animales domésticos o salvajes.
-Los materiales, materias primas en la industria alimentaria, textil, farmacéutica, laboratorios, transformación de metales, etc.

Actividades en las que están presentes los agentes biológicos
-Industrias alimentarias.
-Manufactura de productos farmacéuticos.
-Industria de la agricultura y ganadería.
-Hospitales, laboratorios de investigación.
-Industria de la lana y derivados.
-Curtido y acabado de pieles.
-Industria del algodón.

-Producción de abonos orgánicos.

-Plantas de tratamiento de aguas residuales.

-Servicios de limpieza.

-Minas y perforaciones.

Industrias alimentarias

Las alteraciones biológicas dependen de la materia prima:

-Alteraciones respiratorias: en ambientes pulvígenos (café, tabaco, Azúcar).

-Dermatosis: productos orgánicos irritantes o por la presencia de hongos asociados a la materia prima.

-Zoonosis: manipulación de animales o productos derivados.

Industrias lácteas

La leche no tratada puede ser vehículo de zoonosis, como brucelosis o tuberculosis bovina.

-Brucelosis: enfermedad infecciosa causada por varias especies de bacterias del género Brucella, transmitida a los seres humanos por animales como vacas, cerdos, ovejas y cabras. La enfermedad se adquiere por contacto con animales infectados o al ingerir su leche. (fiebre de Malta, de las cabras, enfermedad de Bang). En animales provoca esterilidad parcial, disminución de producción y abortos.

En seres humanos

-Brucelosis aguda: debilidad, escalofríos, fiebre nocturna elevada, alteraciones del sistema nervioso central, dolores articulares y aborto espontáneo.

-Brucelosis crónica: síntomas imprecisos y variables, pero siempre fiebre remitente y alteraciones del sistema nervioso central.

Dos tipos de Brucella
-Brucella melitensis, de la oveja y la cabra.
-Brucella abortus, de la vaca.
Formas de transmisión:
-Ingestión, por falta de higiene personal.
-Contacto: cuidando animales.
-Inhalación: animales infectados en el establo.
-Heridas.

-Tuberculosis bovina: por la bacteria Mycobacterium tuberculosis, que afecta a gran número de especies animales, incluido el hombre. En la vaca, se presenta de varias formas, como mastitis, nefritis, metritis, enteritis o la forma pulmonar. Los bacilos están presentes en la leche, la saliva, la orina, las heces, etc., del animal infectado, siendo la leche un buen vehículo de transmisión. Como en el caso de la brucelosis, se habla de cuatro vías de entrada al organismo humano: contacto, inhalación, ingestión y vía parenteral.

Industrias del proceso de aceites vegetales
Enfermedades cutáneas (dermatitis)
-Aceite de ricino: contiene semilla de ricino que provoca daños gastrointestinales, también alérgicos que provocan reacciones alérgicas a individuos sensibles. Se quedan en el orujo por lo

que afectan a los trabajadores. Se pueden eliminar mediante tratamiento que disminuya poder alergénico.

-Aceite de cacahuete: el polvo de los cacahuetes enmohecidos afecta a los pulmones ya que presenta esporas de Aspergillus niger. Las larvas de algunos insectos que atacan a la planta pueden originar irritaciones de la piel.

-Aceite de copra: si está enmohecida o infectada de gorgojos, puede producir irritaciones en la piel.

Industrias de la harina y derivados

Industrias de moldura de harina: la harina se obtiene de cereales, legumbres y algunos frutos secos que se someten a un proceso de molienda. Riesgo principal el polvo, que puede tener esporas de hongos parásitos por almacenamiento en humedad. Incidencia del polvo:

-Por su poder alergénico: trastornos respiratorios de tipo alérgico y enfermedades alérgicas por el contenido fúngico.

-Por su acción mecánica sobre las membranas mucosas y los pulmones causando enfermedades respiratorias debido al polvo mineral, analizar la presencia de sílice libre Enfermedades producidas por insectos como caros o especies de gorgojos cuyas larvas infectan los cereales. Los ácaros se alimentan de las larvas y parasitan los alimentos. Debido a los ácaros que invaden la superficie de la piel aparece dermatitis, infección cutánea llamada punzón del grano. Las larvas de los gorgojos del trigo producen un antígeno que cuando es inhalado puede provocar manifestaciones asmáticas. Otros riesgos de productos añadidos, aunque todas las afecciones son por vía respiratoria.

Industrias del refinado del azúcar

La remolacha azucarera no presenta riesgos biológicos. La utilización de caña de azúcar puede generar riesgo de bagazos, por respirar polvo de bagazo. La causan los hongos que crecen en el bagazo almacenado. En ambos procesos de fabricación, se encuentra dermatitis y conjuntivitis, pero la más frecuente es la caries dental por ingestión o expectoración del Azúcar en suspensión.

Industrias de conservas vegetales

Las afecciones pueden ser por contacto con parásitos asociados, pero en la actualidad el contacto es casi inexistente. Se puede dar por vía aérea en los puestos de envasado y llenado de la tolva de alimentación, segmentación, clasificación, en algunos se debe llevar guantes y mascarilla. Los hongos pueden ser transportados por la planta natural o por mal almacenamiento de materias primas. Provocan dermatitis micótica y afecciones respiratorias por inhalación de esporas.

Industrias cárnicas

En los mataderos, pueden existir agentes patógenos en los animales que se van a sacrificar. En personas en contacto con ellos, pueden aparecer zoonosis, como brucelosis, carbunco, tuberculosis bovina, muermo, fiebre Q, etc. Existen afecciones por incidencia de anticuerpos de toxoplasmosis. Se debe evitar la exposición a cortes y traumatismos en la piel de las manos ante estos agentes, en la manipulación de las materias primas.

Clasificación por especies

Bacterias

Organismos unicelulares simples, visibles al microscopio óptico, capaces de vivir en un medio adecuado (agua, tierra, otros organismos) sin necesidad de valerse de otros organismos; que se multiplican por división simple (cocos y bacilos).

-Vías de entrada: heridas e ingestión de alimentos infectados

Enfermedades más conocidas: tuberculosis, tétanos, salmonelosis, disentería, brucelosis, fiebre de Malta, infecciones de estafilococos (granos, abscesos) y estreptococos (gastroenteritis).

Virus

Agentes parásitos patógenos no celulares, mucho más pequeños que las bacterias, que sólo son vistos con microscopio electrónico. Deben asociarse a una célula para poder manifestarse y no son capaces de crecer o multiplicarse fuera de ella.

-Enfermedades: hepatitis vírica, rabia, poliomielitis, meningitis, linfocitarias, herpes, SIDA.

Hongos

Formas complejas de vida que presentan una estructura vegetal. Su hábitat natural es el suelo, pero algunos son parásitos de animales y de vegetales, ya que no pueden sintetizar proteínas solos.

-Enfermedades: micóticas (pie de atleta), asma, etc. Se manifiestan a través de la piel principalmente.

Parásitos

Organismos animales que desarrollan algunas fases de su ciclo de vida en el interior del organismo humano, del que se aprovechan sin beneficiarle (protozoos, artrópodos, etc.).

-Enfermedades: malaria, bilharziasis, esquistosomiasis, etc.

Símbolos de advertencia
Arriba: Materias Radiactivas. Izquierda: Riesgo biológico.
Derecha: Riesgo Químico.

Organización de la seguridad industrial

Elementos de la programación de la seguridad industrial

Un buen programa de seguridad industrial consiste en realizar por lo menos, un recorrido mensual por las instalaciones de la empresa.

En la visita programada de los edificios, instalaciones y/o equipos del centro de trabajo, con el fin de observar las condiciones de seguridad e higiene que prevalezcan en los mismos e identificar las posibles causas de riesgo.

Los recorridos que hagan los miembros de las comisiones mixtas de seguridad e higiene pueden tener tres diferentes clases de propósitos

1. - De observación general.

Este recorrido se puede llevar a cabo tomando en cuenta el proceso de producción y se deberán observar los siguientes lugares:

a) Las instalaciones.

b) Los locales de servicio.

c) Los departamentos de producción.

d) Los talleres de mantenimiento.

2. - De observación objetiva general.

Este recorrido es aquel que puede realizarse cuando se conocen o se señalan algunas áreas peligrosas, para que la comisión dirija su observación a ellas y proponga medidas concretas que puedan ser aplicadas para prevenir riesgos.

3. - De observación general.

Un recorrido de esta naturaleza puede hacerse a petición de los trabajadores o de la empresa, cuando noten alguna condición insegura en el área de trabajo.

Los aspectos que deberán revisarse durante los recorridos son los siguientes

-Aseo, orden y distribución de las instalaciones, la maquinaria, el equipo y los trabajadores del centro de trabajo.

-Métodos de trabajo en relación con las operaciones que realizan los trabajadores.

-Espacio de trabajo y de los pasillos.

-Protección en los mecanismos de transmisión.

-Estado de mantenimiento preventivo y correctivo.

-Estado y uso de herramientas manuales.

-Escaleras, andamios y otros.

-Carros de mano, carretillas y montacargas.

-Pisos y plataformas.

-Grúas y aparatos para izar.

-Alumbrado, ventilación y áreas con temperatura controlada.

-Equipo eléctrico.

-Ascensores.

-Recipiente a presión.

-Cadenas, cables, cuerdas, etc.

-Acceso a equipos levados.

-Salidas normales y de emergencia.

-Sistemas de prevención de incendios.

-Patios, paredes, techos y caminos.

La supervisión, como una actividad planeada, sirve para conocer oportunamente riesgos a los que están expuestos los trabajadores, antes de que ocurra un accidente o una enfermedad de trabajo, que puedan provocar una lesión o la perdida de la salud del trabajador.

Capacitación del personal proceso de enseñanza-aprendizaje

La enseñanza se entiende como guía, conducción del aprendizaje, donde el profesor orienta y conduce valiéndose de la presentación y provisión de información, el estímulo a la discusión y el fomento de actividades para facilitar el aprendizaje. El aprendizaje es considerado como un proceso dinámico y no como una repetición de actividades. Entendiéndose el aprendizaje como la modificación más o menos estable de pautas de conducta, entendiéndose por conducta todas las modificaciones del ser humano, sea cual fuera el área en que aparezca. Enseñanza-aprendizaje constituye pasos inseparables, integrantes de un proceso en permanente movimiento, pero no solo por el hecho de que cuando hay alguien que aprende, hay uno que enseña, son también en virtud del principio según el cual no se puede enseñar correctamente mientras no se aprende durante la misma tarea de la enseñanza. Resumiendo lo anterior, podemos decir que el proceso enseñanza aprendizaje es la interacción entre profesor y el alumno. El adiestramiento debe responder o satisfacer ciertas necesidades que permitan manejar la producción tanto en calidad como en cantidad o bien adentrase a los problemas que puedan surgir por motivos de personal, por cambios en los procesos o métodos de producción. El adiestramiento cuesta dinero y por lo tanto cuando se presenta la necesidad a un grupo, o a trabajadores aislados, deben hacerse racionalmente. Para esto, el primer paso es definir con precisión las necesidades de adiestramiento. La capacitación y el adiestramiento consisten en una serie de actividades y orientadas hacia un cambio de los conocimientos, habilidades y actitudes del empleado.

-Capacitación. Incluye el adiestramiento, pero su objetivo principal es proporcionar conocimientos sobre todos los aspectos técnicos, científicos y administrativos del trabajo. De ahí de la capacitación sea impartida a empleados, ejecutivos y funcionarios generales, cuyo trabajo tiene un aspecto intelectual importante.

-Adiestramiento. Se entiende como la habilidad o destreza adquirida casi siempre como una práctica más o menos prolongada de trabajo de carácter muscular o motriz.

Determinación de las necesidades de capacitación

Empecemos por señalar como se determina las necesidades de capacitación. En las organizaciones representan una carencia de algo que aparece en función de una norma o de un patrón; se les conoce también como desviaciones. Así pues, se basa en el análisis de las necesidades actuales y futuras.

Dicho análisis generalmente está basado en:

-Análisis de las operaciones. Se busca determinar al contenido de trabajo de cada puesto y los requisitos para desempeñarlo de una manera efectiva. Se requiere de una separación detallada de las funciones del puesto en varias partes, de ahí que se utilice el análisis de puesto, cuyo objetivo es determinar lo que la persona hace y lo que debe saber para hacerlo bien.

-Análisis humano. Se realiza fundamentalmente tomando dos elementos, a saber:

-Inventario de recursos humanos y normal de trabajo de la organización. El inventario de recursos humanos nos indica con que potencial cuenta la empresa en el momento actual y como se va a proyectar en el futuro.

Los datos que contiene pueden ser:

- Número de empleados con los que cuenta la organización.
- Número de empleados que se necesitan con esa categoría.
- Edad de cada empleado.
- Nivel de conocimiento individual.
- Nivel de funcionamiento individual, calidad y cantidad.
- Tiempo de capacitación para ese puesto.
- Faltas de asistencia, entre otras.

La moral del trabajador de la organización se basa en dos lineamientos que están en función de las actitudes de sus miembros: si los empleados perciben los sistemas, procedimientos y objetivos de la empresa como un medio para satisfacer sus propias necesidades y, si moral que impera es de cooperación y confianza mutua. Una vez determinadas las necesidades de adiestramiento se procede a establecer el tipo del mismo, aunque son varios los tipos de adiestramientos se encierran todos ellos en cuatro.

Estos son:
1. - Inducción.

El objetivo de este tipo de adiestramiento es acelerar la adecuación del individuo al puesto, al jefe, al grupo y a la organización en general, mediante información sobre la propia organización, sus políticas, reglamentos y beneficios que adquiere como trabajador.

Consta de tres partes principales:

Información inductora proporcionada en reuniones individuales o en grupo a través de una persona de la gerencia de personal, de relaciones industriales o del encargado del entrenamiento; información proporcionada por el supervisor, y la entrevista de ajuste, varias semanas después de que el trabajador haya estado en el puesto.

2. - ADE (Adiestramiento dentro de la empresa).

Su objetivo primordial es mejorar la producción. Sus pasos son:

a) Determinar un programa de producción.

b) Elaborar un plan específico.

c) Desarrollar dicho programa basándose en tres lineamientos:

-Uso del principio multiplicador.

Consiste en adiestrar a las personas que han de enseñar a otros, los que a su vez irán enseñando a repetidos grupos.

-Uso del principio de proyectar labores.

Consiste en desglosar la función de manera que las operaciones menos especializadas puedan ser llevadas a cabo por técnicos prácticos en operación en lugar de utilizar la versatilidad de un maestro.

-Informar la instrucción.

3. - Escuela vestibular.

Su objetivo es enseñar rápidamente los rudimentos de la labor específica a la que se va a dedicarse el nuevo trabajador.

Generalmente esta escuela se sitúa en un lugar aparte, ya sea dentro o fuera de la organización.

4. - Escuela general de la organización.

Que se ocupa de dar adiestramiento técnico, aunque también brinda cursos destinados a proporcionar al personal la información necesaria para asumir mayores responsabilidades. En otras palabras, se ocupa de entrenamiento y desarrollo. Aquí no solo se programan cursos sino también recordatorios y más avanzados.

Justificación económica

Cualquier desembolso realizado por una empresa industrial deberá ser evaluado de acuerdo con su utilidad económica o rentabilidad que del se derive, para la misma empresa. Sin embargo, es indiscutible que la educación y el adiestramiento juegan un papel importante en el incremento de la productividad pues, además de los aspectos artísticos y humanísticos, también implica un aprovechamiento racional de los recursos del país, así como un incremento en el nivel de salud de sus habitantes. Se hacen necesarios recordar que el aumento de la productividad es un medio efectivo para la riqueza.

Sin un aumento de la producción, el incremento de los salarios solo traerá inflación que puede desequilibrar por completo el desarrollo económico. En términos generales, la educación y el adiestramiento son importantes tanto para el país como para una organización, por un lado, permite el mejor aprovechamiento de todos los recursos materiales y técnicos, por otro, mayor educación y adiestramiento, mayores niveles de vida por un más amplio conocimiento de las condiciones higiénicas de las situaciones que mejoran la alimentación y de factores que acrecientan la salud, así como por un mejor ingreso que permita igualmente un mayor consumo. Para dar un adicional impacto económico, de la educación y el adiestramiento, puede citarse el caso de las patentes extranjeras, México paga muchos millones de pesos al año a compañías extranjeras por el uso de dichas patentes. Si nuestro país contara con tecnología propia y adecuada, podría competir satisfactoriamente en los mercados internacionales. Sin duda, este hecho robustecerá la economía nacional al impedir no solo la fuga de divisas, sino por el contrario, atraerlos hacia nosotros.

Análisis del trabajo

Es muy frecuente que, para adiestrar a una persona, habiendo previamente determinado en que tarea u oficio adiestrársele, se haga de una manera arbitraria y se le den más conocimientos de los que necesita para el desempeño del trabajo o bien, que se omitan algunos conocimientos básicos o indispensables. Para evitarse ese peligro, debe analizarse el trabajo. Todo el objeto de hacer un análisis del trabajo s determinar qué es lo que la persona debe hacer y que debe saber para hacerlo bien.

El análisis del trabajo se hace enlistando ordenadamente todo lo que la persona hace y lo que desea saber para hacerlo bien. Este análisis no es cosa sencilla pues, muchas veces, personas con mucha experiencia y muy diestras en la ejecución de determinado trabajo, fallan lamentablemente al tratar de hacer una lista de todas las operaciones que abarcan el trabajo. La única manera de adquirir habilidad para hacer un análisis del trabajo es practicándolo.

Técnicas de la enseñanza

Se cree generalmente que enseñar o instruir es tarea sencilla que puede desempeñar cualquier persona que sepa hacer un trabajo. Quienes piensan así creen que construir es decir en forma clara y detallada lo que el trabajador debe hacer. Otros creen que construir no es solamente decir, sino decir y mostrar lo que se espera que haga el trabajador. Instruir o enseñar es algo más complejo que decir y mostrar.

A continuación, se dan las cuatro fases en que se descompone el proceso de instrucción y enseñanza

1. - Preparar al trabajador.

Esta fase tiene como fin despertar en el trabajador el interés por el trabajo y ganarse su confianza, para lo cual se recomienda:

a) Animarle, ser amable con él.

b) Definir el trabajo y averiguar la experiencia del trabajador.

c) Despertar su interés por aprender el trabajo.

2. - Demostrar el trabajo

Esta es la fase básica de la introducción y en la que el supervisor debe desarrollar una gran habilidad para obtener éxito en la instrucción. las recomendaciones son:

a) Debe de colocarse el trabajador en la mejor posición para observar la demostración del trabajo.

b) Debe explicar, mostrar e ilustrar, en el orden real, cada una de las operaciones.

c) Debe recalcar todo lo que el trabajador debe saber para hacer cada una de las operaciones.

d) La instrucción debe ser clara, completa y paciente.

e) El ritmo de la instrucción debe ser el adecuado para la capacidad de comprensión del trabajador.

3. - Comprobar el aprendizaje.

Para instruir no basta realizar correctamente lo indicado en las dos fases anteriores, es necesario, además, verificar que el trabajador este aprendiendo lo que se le está enseñando.

Para esto se recomienda el siguiente procedimiento:

a) Hacer que el trabajador ejecute las operaciones y corregir los errores que cometa.

b) Pedirle que explique los puntos clave mientras ejecuta las operaciones.

c) Hacerle preguntas inteligentes para verificar que entiende y que está aprendiendo cada operación.

d) Felicitarlo por sus aciertos y animarlo diciéndole que lo está haciendo bien, cuando así sea.

4. - Observarlo en la práctica.

En el trabajo normal de producción no se puede correr el riesgo de cometer errores y equivocaciones, por lo que se hace necesario observar de cerca la acción del trabajador, después de haber terminado la fase anterior de la instrucción. Se recomienda la siguiente técnica:

a) Hacer que trabaje independientemente.

b) Indicarle a quien debe consultar en caso de que le surjan dudas.

c) Revisar su trabajo frecuentemente e invitarlo que haga las preguntas que aclaren sus dudas.

d) Finalmente, disminuir progresivamente la ayuda y la vigilancia hasta llegar a la supervisión normal de un obrero calificado.

Planeación de la capacitación

Para realizar una planeación adecuada se debe de tomar en consideración los aspectos que a continuación se mencionan:

1. - Investigación para determinar las necesidades reales que existen o que deben satisfacerse en corto, mediano o largo plazo: Previsión.

Sin la investigación previa de las necesidades, nunca se podrá pensar en la programación de ningún curso.

2. - Una vez señaladas las necesidades que han de satisfacerse, fijar los objetivos que se deben lograr; programación.

Esta segunda fase del proceso es la función de planeación de la capacitación. ¿Hacia dónde vamos? ¿Qué metas a corto, mediano y largo plazo debemos obtener? ¿De qué? ¿Quién? ¿Cómo? ¿Cuándo?

Estas son algunas interrogantes que deberá responder el instructor de una empresa.

3. - Definir que contenidos de educación son más necesarios, que temas, que materias y que áreas deben ser cubiertas en los cursos, es decir, el conocimiento que ha de impartirse, la habilidad y aptitud que será motivo del tratamiento.

Algo que puede servir como base para la selección del contenido de los diferentes programas seria:

-Conocimientos y habilidades elementales para el puesto.
-Conocimientos de complementación profesional para el mejor desempeño del puesto.
-Materias culturales y conocimientos universales.

4. - Señalar la forma y método ideal que sea el mejor. Todos serán buenos y darán los resultados deseados siempre y cuando estén relacionados claramente con los objetivos que se persiguen, con el número de participantes del curso y con el tiempo que se dispone.

5. - Una vez realizado el curso se deberá evaluar a través de una encuesta a fin de medir su éxito y el grado de asimilación del

alumno, lo que servirá de base para determinar posteriormente las necesidades de capacitación.

Motivación e incentivos

Si se requieren alcanzar los objetivos fijados, deberán tenerse presentes la motivación y el incentivo como medios de apoyo para lograr lo planeado. Como son dos conceptos diferentes, pero a menudo confundidos, a continuación, se aclarará la diferencia.

La motivación es algo intangible, ya que su objetivo es medir la moral del personal. La evaluación de la motivación se realiza a través de:

-Encuesta de actitud.

-Estudios de ausentismo y retardos.

-Frecuencia de conflictos.

-Buzón de quejas y sugerencias.

-Productividad.

Por lo que respecta a los incentivos, son algo tangible, se dan a través de las recompensas, despensas en especie o en dinero, paseos a los trabajadores con sus familias, etc.

Otros aspectos de las comisiones mixtas de seguridad e higiene

Es indispensable en la vida de las comisiones mixtas que sea levantada el acta de su integración y también de las asambleas ordinarias y extraordinarias que se lleven a cabo. En ellas, además de los datos generales de la empresa y de los miembros de la comisión, se contienen los siguientes datos:

-Número y clasificación de los trabajadores de la empresa.

-Tipo de materiales y maquinaria utilizados.

-Nombre de los departamentos visitados.

-Anomalías encontradas.

-Medidas de prevención acordadas.

-Análisis de las acciones que se realizan en base a las medidas dictadas en el mes anterior.

-Registro de los accidentes acaecidos desde el mes anterior, a la fecha.

-Documentación referente al análisis del accidente que se reporta.

Además de reportar sus actividades, las comisiones tienen entre sus principales obligaciones las siguientes:

1. - Inquirir causas de accidentes y enfermedades profesionales.

2. - Tomar medidas para prevenir enfermedades y accidentes.

3. - Poner en práctica todas las iniciativas de prevención.

4. - Dar instrucciones sobre prevención a los trabajadores.

5. - Vigilar que se cumplan las disposiciones del Reglamento de Medidas Preventivas de Accidentes de Trabajo y del Reglamento de Higiene y Seguridad.

6. - Vigilar que se cumplan las medidas preventivas dictadas por las mismas comisiones de seguridad.

7. - Poner en conocimiento del patrón, de los inspectores o de cualquier otra autoridad del trabajo, las violaciones a las disposiciones dictadas, con el fin de prevenir los accidentes y enfermedades profesionales.

Cuestionario 1

Los enfoques en la salud pueden ser:
- Sanitarios
- Todos
- Somáticos
- Fisiológicos

De las siguientes palabras cuál no es parte del ambiente orgánico:
- Social
- Químico
- Biológico
- Mecánico

La enfermedad en al ámbito laboral la controla:
- La Seguridad en el Trabajo
- La Higiene Industrial
- La Ergonomía
- La Psicosociología

Los contaminantes en el aire pueden estar de forma:
- Líquida
- Sólida
- Gaseosa
- Todas

El ambiente puede ser:

    Todos forman parte del ambiente

    Social

    Psíquico

    Orgánico

La penosidad en el trabajo es:

    Moderada

    Circunstancial

    Frecuencial

    Inherente al mismo

Señalar cuáles son contaminantes sólidos:

    Humos

    Nieblas

    Polvos

    Polvos y humos

¿Cuál de las siguientes medidas es una técnica no médica?

    Todas

    La formación

    La protección colectiva

    La protección individual

Señala un agente que no forme parte del ambiente físico:

    Radiaciones

    Temperatura

    Humedad

Concentración

¿Qué norma establece los niveles de cualificación para la evaluación de riesgos en actividad preventiva?
- RD 39/1997
- Directiva 89/39/CEE
- Ley 31/1995
- Constitución Española

¿Cuál de las siguientes ramas de la Higiene opera sobre el ambiente laboral valora factores que confluyen?
- Higiene teórica
- Higiene de campo
- Higiene analítica
- Higiene operativa

Señala cuál de las siguientes es una técnica de protección:
- Limpieza y orden en el lugar de trabajo
- Colocación de un casco de seguridad
- Mantenimiento de máquinas
- Formación para el levantamiento de cargas

La Ergonomía tiene como objetivo:
- Adaptar el trabajo al hombre
- Luchar contra los accidentes de trabajo
- Adaptar el hombre al trabajo
- Luchar contra las enfermedades musculoesqueléticas

La ciencia que pretende adaptar el trabajo al hombre se denomina:
    Seguridad en el trabajo
    Higiene industrial
    Ergonomía
    Psicosociología

El conjunto de exigencias físicas y psíquicas se denomina:
    Producción
    Carga de Trabajo
    Jornada laboral
    Tarea

La protección complementa a la prevención:
    Siempre
    En algunos casos
    Son válidas todas
    Nunca

En un proyecto se definirán:
    La maquinaria y los equipamientos
    La memoria explicativa
    Todas son válidas
    La descripción de la actividad

Al integrar datos obtenidos en varias empresas estamos realizando:
    Una norma o procedimiento de trabajo

Una reglamentación específica

Un mapa de riesgos

La planificación de una actividad preventiva

¿La protección individual elimina el riesgo?

En algunos casos

Siempre

Cuando el trabajador la usa correctamente

Nunca

Con la protección intentamos evitar:

Accidentes

Ahorro

Desorganización

Objetivos

Los proyectos técnicos serán realizados por:

Técnicos competentes

Los técnicos de prevención en general

En la coordinación empresarial

La cadena de mandos

La prevención debe iniciarse:

Después de la evaluación de los riesgos

Al instalar las máquinas

En fase de proyecto

En todo momento

Los trabajadores y sus representantes deben tomar parte en la prevención integrada:

    Cuando no exista comité de seguridad y salud

    Según la magnitud de los riesgos

    Siempre

    Cuando lo estime el empresario

Seguridad e Higiene Industrial *Ing. Miguel D'Addario*

Cuestionario 2

Las preguntas que se realizan a continuación se refieren a su puesto de trabajo.

Marque la respuesta que considere correcta: SI, NO, N/S, (No Sabe), N/P, (No Procede).

La columna de la derecha es para efectuar las observaciones oportunas, en su caso.

Diseño del puesto de trabajo		SI NO N/S N/P	OBSERVACIONES
1	Altura de la superficie de trabajo (mesa, poyata, etc.) inadecuada para el tipo de tarea o para las dimensiones del trabajador		
2	Espacio de trabajo (sobre la superficie, debajo de ella o en el entorno) insuficiente o inadecuado		
3	El diseño del puesto dificulta una postura de trabajo cómoda		
4	Los controles y los indicadores asociados a su trabajo (mandos de los equipos, tableros de instrumentación, etc.) se visualizan con dificultad		
5	Trabajo en situación de aislamiento o confinamiento (aunque sea esporádicamente)		
6	Zonas de trabajo y lugares de paso dificultados por exceso de objetos		
7	Carencia de vestuarios (si se precisan)		

Seguridad e Higiene Industrial Ing. Miguel D'Addario

	Condiciones ambientales	SI	NO	N/S	N/P	
8	Temperatura inadecuada debido a la existencia de fuentes de mucho calor o frío o a la inexistencia de un sistema de climatización apropiado					
9	Humedad ambiental inadecuada (ambiente seco o demasiado húmedo)					
10	Corrientes de aire que producen molestias					
11	Ruidos ambientales molestos o que provocan dificultad en la concentración para la realización del trabajo					
12	Insuficiente iluminación en su puesto de trabajo o entorno laboral					
13	Existen reflejos o deslumbramientos molestos en el puesto de trabajo o su entorno					
14	Percibe molestias frecuentes en los ojos					
15	Molestias frecuentes atribuibles a la calidad del medio ambiente interior (aire viciado, malos olores, polvo en suspensión, productos de limpieza, etc.)					
16	Problemas atribuibles a la luz solar (deslumbramientos, reflejos, calor excesivo, etc.)					

	Equipos de trabajo	SI	NO	N/S	N/P	
17	Se manejan equipos de trabajo o herramientas peligrosas, defectuosas o en mal estado					
18	Carece de instrucciones de trabajo, en lenguaje comprensible para los trabajadores en relación al uso de los equipos o herramientas					
19	El mantenimiento de los equipos o herramientas es inexistente o inadecuado					

	Incendios y explosiones	SI	NO	N/S	N/P	
20	Se almacenan o manipulan productos inflamables o explosivos					
21	Elementos de lucha contra el fuego (extintores, mangueras, mantas, ...) insuficientes, lejanos o en malas condiciones					
22	Desconocimiento de cómo utilizar los elementos de lucha contra el fuego					

Seguridad e Higiene Industrial Ing. Miguel D'Addario

Cuestionario 3

	Agentes contaminantes (químicos, físicos – radiaciones ionizantes y no ionizantes- y biológicos) y condiciones de trabajo en laboratorio	SI NO N/S N/P	
23	Poca información sobre el riesgo de los agentes químicos, físicos o biológicos que utiliza (falta de información inicial, inexistencia de fichas de seguridad, etc.)		
24	Inexistencia, insuficiencia o poco hábito de trabajo en vitrinas / cabinas de seguridad adecuadas		
25	Productos peligrosos indebidamente etiquetados / identificados		
26	Carencia de procedimientos de trabajo en los que se incluyan medidas de seguridad en el trabajo con este tipo de agentes		
27	Inexistencia, insuficiencia o poco hábito de trabajo con equipos de protección individual (guantes, gafas, protecciones respiratorias, etc.)		
28	Hábitos de utilización de batas y ropa de trabajo incorrectos (no usarla en el laboratorio o utilizarla en otros ámbitos: despacho, comedor, sala de actos, etc., llevarla desabrochada, lavarla en casa, etc.)		
29	Inexistencia de contenedores adecuados y correctamente señalizados, para residuos		
30	Se come, fuma, bebe o se usan cosméticos en los laboratorios o estancias similares (almacén de productos químicos, animalarios, invernaderos, etc.)		

	Trabajos con pantallas de visualización de datos	SI NO N/S N/P	
31	Pantalla mal situada y sin posibilidad de reubicación		
32	Inexistencia de apoyo para el antebrazo mientras se usa el teclado		
33	Resulta incómodo el manejo del ratón		
34	La silla es incómoda o sin dispositivo de regulación		
35	Insuficiente espacio en la mesa para distribuir el equipo necesario (ordenador, documentos, impresora, teclado, teléfono, etc.)		
36	Insuficiente espacio libre bajo la mesa para una posición cómoda de las piernas		
37	Inexistencia de atril y/o reposapiés en caso de precisar alguno de estos accesorios		
38	Percibe molestias frecuentes en la vista, espalda, muñecas, etc.		

Seguridad e Higiene Industrial Ing. Miguel D'Addario

Cuestionario 4

Carga física y manipulación manual de cargas	SI	NO	N/S	N/P	
39	Manipula, habitualmente, cargas pesadas, grandes, voluminosas, difíciles de sujetar o en equilibrio inestable				
40	Realiza esfuerzos físicos importantes, bruscos o en posición inestable (distancia, torsión o inclinación del tronco)				
41	El espacio donde realiza este esfuerzo es insuficiente, irregular, resbaladizo, en desnivel, a una altura incorrecta o en condiciones ambientales o de iluminación inadecuadas				
42	Su actividad requiere un esfuerzo físico frecuente, prolongado, con periodo insuficiente de recuperación o a un ritmo impuesto y que no puede modular				
43	Al finalizar la jornada, se siente "especialmente" cansado/a				

Otros fatores ergonómicos	SI	NO	N/S	N/P	
44	Posturas de trabajo forzadas de manera habitual o prolongada				
45	Movimientos repetitivos de brazos / manos / muñecas (pipeteo,...)				
46	Posturas de pie prolongadas				
47	Trabajo sedentario				
48	Otras posturas inadecuadas de forma habitual (de rodillas, en cuclillas, ...)				
49	Tareas con altas exigencias visuales o de gran minuciosidad				
50	Trabajo a turnos (nocturnos o rotatorios)				

Factores psicosociales	SI	NO	N/S	N/P	
51	Su trabajo se basa en el tratamiento de información (trabajos administrativos, control de procesos automatizados, informática, etc.)				
52	El nivel de atención requerido para la ejecución de su tarea es elevado				
53	Su trabajo es monótono y/o con poco contenido				
54	Realiza tareas muy repetitivas				
55	Los errores, averías u otros incidentes que pueden presentarse en su puesto de trabajo se dan frecuentemente y/o pueden tener consecuencias graves				
56	El ritmo o la cadencia de su trabajo le viene impuesto				
57	Los periodos de descanso de su trabajo le vienen impuestos				

Seguridad e Higiene Industrial Ing. Miguel D'Addario

58	La información que se le proporciona sobre sus funciones, responsabilidades, competencias, métodos de trabajo, etc. es insuficiente	
59	Es difícil realizar su trabajo por no disponer de suficientes recursos, basarse en instrucciones incompatibles o con las que no está de acuerdo	
60	Su situación laboral es inestable	
61	Carece de posibilidades de formación inicial, continua o no acorde con las tareas que realiza	
62	Tiene dificultad de promocionar en su ámbito de trabajo	
63	La organización del tiempo de trabajo (horarios, turnos, vacaciones, etc.) le provoca malestar	
64	Las relaciones entre compañeros y/o jefes son insatisfactorias	
65	Carece de autonomía para realizar su trabajo	
66	Se siente usted y el trabajo que efectúa infravalorado	
67	Se siente discriminado en su entorno laboral	
68	Se producen situaciones que impliquen violencia psíquica o física por cualquier motivo	

Sensibilidades especiales		SI NO N/S N/P	
69	Su estado físico o biológico (embarazo, alergia, minusvalía, enfermedad, patología previa, aptitud física, etc.) presenta problemas con las condiciones del puesto de trabajo		

Deficiencias en la actividad preventiva		SI NO N/S N/P	
70	Ha recibido información sobre los riesgos laborales a los que está expuesto		
71	Puede acceder a los cursos de formación en Prevención de Riesgos Laborales que ofrece el CSIC		
72	Considera adecuada y suficiente esta formación		
73	Considera que en su Centro / Instituto se tiene en cuenta sus sugerencias de mejora de las condiciones de trabajo		
74	Tiene conocimientos de primeros auxilios relacionados con su puesto de trabajo		
75	Posee Delegado de Prevención su Centro / Instituto		
76	Conoce cómo está organizada la prevención en el CSIC		
77	Conoce cómo está organizada la prevención en su Centro / Instituto		
78	Se incluyen las normas de prevención de riesgos en las instrucciones que recibe para desarrollar su trabajo		

Higiene en el lugar de trabajo

Sistemas y métodos de limpieza: aplicaciones de los equipos, materiales básicos y procedimientos habituales de ejecución.

Según establece la normativa vigente, para la limpieza de instalaciones, equipos y recipientes que estén en contacto con los productos alimenticios, así como de los locales en los que se ubiquen dichos productos alimenticios, el responsable del establecimiento contratará o elaborará y aplicará un programa de limpieza y desinfección basado en el análisis de peligros.

Para la elaboración y aplicación de dicho programa, hay que tener en cuenta una serie de factores
Frecuencia ¿Cada cuánto tiempo debemos higienizar?
Para determinarla debemos tener en cuenta:
-Tipos de alimentos que se elaboran, almacenan o desechan.
-Estado de limpieza en el que se encuentran.
-Tipo de suciedad (grasa, líquido, residuos sólidos, etc.) y tiempo que lleva en contacto con las superficies.
-Personal y equipo disponible.

Para establecer la frecuencia debe tenerse en cuenta la historia microbiológica de superficies y medio ambiente, y basarse en el análisis de peligros. La frecuencia de limpieza debe ser respetada estrictamente para conseguir el adecuado estado higiénico-sanitario. *De esta forma podemos establecer la siguiente pauta de frecuencias:*
Las cámaras, despensas, frigoríficos, maquinas, malla antiinsectos y demás equipos deben limpiarse y desinfectarse de

forma periódica, y su frecuencia debe ser establecida por el responsable del establecimiento, quedando dicha periodicidad reflejada por escrito dentro del programa de higienización.

Métodos para utilizar ¿Cómo podemos higienizar?
Los métodos para utilizar para la limpieza y desinfección pueden ser físicos o químicos, y manuales o automáticos.
-Físicos: Agua caliente, vapor, cepillos, fregonas, estropajos, esponjas, bayetas, etc.
-Químicos: Son sustancias con principios químicos que nos facilitan el desarrollo de la higienización, entre ellos están los detergentes y los desinfectantes.
-Manuales: Se basan en la limpieza y desinfección realizada con las manos y pueden seguir esta secuencia:
a) Eliminar los residuos sólidos de equipos y superficies. Debe evitarse barrer los suelos mientras se están preparando alimentos, ya que se levanta polvo, lo que da lugar una posible contaminación. Para evitarla, debe extremarse el cuidado, no derramando cosas o productos, y en todo caso tirándolos a los cubos de basura. Nunca se debe utilizar serrín, sal ni cartones.
b) Lavar con agua, detergente y desinfectante. Ayudándonos con los útiles de limpieza, deben incluso frotarse las superficies para conseguir el efecto deseado, y la fuerza de aplicación debe ser la necesaria para conseguir una adecuada higienización.
c) Deben tenerse en cuenta, tanto las características de las superficies a limpiar como el material del que están fabricadas, ángulo, bordes o zonas de difícil acceso.

d) Aclarar con abundante agua potable, preferentemente caliente, para arrastrar totalmente los restos de la fase anterior.

e) Secado, lo mejor es dejarlo secar al aire, aunque puede utilizarse papel de un solo uso o paños, los cuales se deben lavar diariamente a una temperatura de 90°C o hervirse al finalizar la jornada laboral.

f) Cerrar y retirar las bolsas de basura a los contenedores exteriores, es importante realizar la separación de los distintos residuos para su posible reciclado, lavar y desinfectar los cubos de basura por dentro y fuera, y colocar bolsas nuevas.

g) Limpiar y desinfectar los suelos, llegando a todos los rincones, mediante el uso de agua caliente, detergentes y desinfectantes.

-Automáticos: son los realizados con maquinaria, lavavajillas o túneles de lavado.

La legislación vigente establece que los contenedores para la distribución de comidas preparadas, así como las vajillas y cubiertos que no sean de un solo uso, deben ser higienizados con métodos mecánicos, provistos de un sistema que asegure su correcta limpieza y desinfección.

Para la limpieza automática podemos seguir la siguiente secuencia:

a) Eliminar los restos de comida que tengan los objetos a lavar, con el mismo detenimiento que si los fuésemos a lavar a mano, con aclarado incluido.

b) Colocar las piezas agrupadas en función de su naturaleza, suciedad o dificultad de lavado.

c) Programar el aparato de acuerdo con las características de los objetos para lavar.

d) Seleccionar para el lavado temperaturas de agua de 60 a 65°C y para el aclarado de 85°C, para permitir la evaporación del agua y así facilitar el secado. También debe utilizarse el detergente y desinfectante adecuados.

En el uso de máquinas de lavado debe tenerse en cuenta:

No sobrecargar el aparato, para permitir que el agua y los productos utilizados penetren por todas las partes.

Las piezas de los aparatos de lavado deben ser de fácil desmontaje y montaje para facilitar su higienización periódica.

Los aparatos de limpieza deben mantenerse en perfectas condiciones. Para ello, debe seguirse el plan de mantenimiento recomendado por el fabricante.

Características del agua

El agua es un elemento indispensable para la higienización, ya que en ella se mezclan los detergentes y desinfectantes, y es el medio de eliminación y arrastre de restos de productos y suciedad. El agua debe ser potable, para evitar el aumento de la contaminación, y blanda, decimos que un agua es dura o blanda en función de la concentración de sales de magnesio y calcio. Así, si el agua es dura, interfiere en la acción de los productos y da lugar a la presencia de depósitos en los equipos y tuberías.

Persona responsable ¿Quién higieniza?

Para que el programa de limpieza y desinfección resulte eficaz se deben designar los responsables de cada actividad, es decir,

¿Quién debe limpiar?, y debe estar registrado por escrito dentro del programa de limpieza y desinfección.

Para ello, el personal debe tener el conocimiento y formación adecuados en limpieza y desinfección, esto incluye los métodos y productos a utilizar, las medidas de seguridad, procedimientos, criterios de limpieza y puntos críticos de control, de tal forma que exista una mentalización de la importancia de la higienización.

En algunas ocasiones, el establecimiento tiene contratado el servicio de una empresa especializada en limpieza, pero esto no implica modificación alguna en el programa.

Criterios para realizarlo ¿En qué se basa la higienización?

En muchas ocasiones, la limpieza y desinfección se realiza de forma diferente según la persona que la realice. Para evitarlo se hace imprescindible documentar el proceso de limpieza para cada una de las zonas del establecimiento y para los equipos y utensilios, es decir, que el programa de higienización esté escrito, y sea conocido y aplicado por el personal implicado. Con esto conseguiremos que todo el personal de limpieza haga lo mismo y se estandarice el proceso. Un factor importante para conseguir la unificación de los criterios de higienización es que sea el personal de limpieza el que intervenga en la realización del programa, y siempre basándose en un análisis de peligros y puntos de control crítico (APPCC).

Equipos de Protección Individual (EPI)

Cabe destacar que los programas seguridad industrial para las empresas son fundamentales debido a que este programa permite utilizar una serie de actividades planeadas que sirvan para crear un ambiente y actitudes psicológicas que promuevan la seguridad.

Por ello se hace necesario los programas de higiene y seguridad industrial, orientados a garantizar condiciones personales y materiales de trabajo capaces de mantener cierto nivel de salud de los trabajadores, como también desarrollar conciencia sobre la identificación de riesgos, prevención de accidentes y enfermedades profesionales en cada perspectiva de trabajo.
La prevención de las Riesgos Laborales son técnicas que se aplican para determinar los peligros relacionados con tareas, el personal que ejecuta la tarea, personas involucradas en la tarea, equipos y materiales que se utilizan y ambiente donde se ejecuta el trabajo.

Con el procedimiento que a continuación se describe se persigue minimizar tales pérdidas en función de la productividad y la consolidación económica de la empresa; en tal sentido se plantean objetivos orientados a optimizar las labores, se de nen políticas y normas que caracterizan el deber ser del procedimiento; de la misma manera se describe el procedimiento en sí mismo a través de un diagrama de flujo y se diseñan formularios para su operacionalización.

Objetivos del procedimiento
-Identificar peligros en áreas específicas.
-Mejorar procedimientos de trabajo.
-Eliminar errores en el proceso de ejecución en una actividad específica.

Políticas de operación del procedimiento
Entre las políticas concebidas por la empresa para la prevención de riesgos laborales se cuentan las siguientes:
-Ejecutar procesos de capacitación y actualización permanentes que contribuyan a minimizar los riesgos laborales.
-Asesorar permanentemente al personal involucrado en el área operativa sobre normas y procedimientos para la prevención de riesgos laborales.
-Mantener los equipos de seguridad industrial requeridos para cada tarea.
-Ejecutar campañas de prevención de riesgos laborales a través de medios publicitarios dentro de la empresa.

Normas de operación del procedimiento
Entre las normas propuestas por la empresa para la prevención de riesgos laborales se cuentan las siguientes:
-Uso permanente de implementos de seguridad tales como: zapatos de seguridad, casco de seguridad, faja, entre otros requeridos para cada tarea.
-Atender a las señales de prevención.
-Evitar el acceso de visitantes al área laboral sin el uso de los implementos de seguridad.

-Mantener el orden en el área de trabajo.

Descripción narrativa

En el proceso primero se procede a seleccionar el sitio y la persona que desarrollará el mismo, generalmente lo ejecuta un supervisor (de no realizarse este paso no podrá continuar con el siguiente), luego se selecciona la tarea a evaluar cuyos criterios de selección son: accidentalidad y complejidad, después se realiza un análisis de riesgos en el sitio de trabajo el cual se realiza mediante la observación de la ejecución de la tarea, éste debe someterse a consideración del personal que ejecute la tarea, se procede a identificar los riesgos en el análisis para así aplicar las medidas preventivas pertinentes para dicha actividad y concluir el proceso.

Diagrama de flujo

Primero se debe seleccionar el sitio y el personal que desarrolla el proceso.

Luego de realizado el 1er paso se debe seleccionar la tarea a evaluar cuyos criterios de selección la accidentalidad y complejidad.

Se debe elaborar un análisis de riesgos en el sitio de la tarea mediante la observación de la ejecución de esta.

Identificar los riesgos

Por último, aplicar las medidas y normas necesarias para la prevención.

Equipo de seguridad

El equipo de protección personal es un conjunto de aparatos y accesorios fabricados especialmente para ser usados en diversas partes del cuerpo, con el fin de impedir lesiones y enfermedades causadas por los agentes a los que están expuestos los trabajadores. Es posible que el equipo de protección personal de una seguridad total al trabajador, por lo que se habrá de tomar en cuenta los riesgos que no pueden ser enviados mediante su uso y ver la mejor manera de prevenirlos.

¿Quién debe proporcionar el equipo de protección?

El reglamento general de seguridad e higiene en el trabajo establece que los patrones tienen la obligación de dar el equipo de protección personal necesario para prevenir los daños a la integridad física, a la salud y a la vida de los trabajadores, y estos deben usarlos invariablemente en los casos que se requieran.

Equipos más usados

a) Protección de la cabeza:

Casco de seguridad, de diseño y características que cumplan con lo establecido en las normas oficiales de cada país.

Gorras, cofias, redes, tapones o cualquier otro medio de protección equivalente, bien ajustado y de material de fácil aseo.

b) Protección para los oídos:

Conchas acústicas, tapones o cualquier otro equipo de protección contra el ruido que cumpla con las normas oficiales.

C) Protección para la cara y los ojos:

Caretas, pantallas o cualquier otro equipo de protección contra radiaciones luminosas más intensas de lo normal, infrarrojas y ultravioletas, así como contra cualquier agente mecánico, químico o biológico. Anteojos, gafas, lentes visores o cualquier otro equipo de protección a los ojos.

d) Protección de las vías de respiración:

Mascarillas individuales de diversos tipos y usos o equipos de protección respiratoria con abastecimiento de su propio oxígeno.

e) Protección del cuerpo y los miembros:

-Guantes, mitones, mangas o cualquier otro equipo semejante, construido y diseñado de tal manera que permita los movimientos de las manos y dedos y que puedan quitarse fácil y rápidamente.

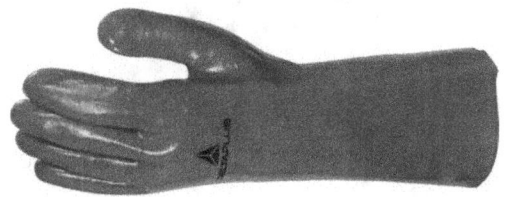

Polainas diseñadas y construidas con materiales: de acuerdo con el tipo de riesgo y que puedan quitarse rápidamente en caso de emergencia. Calzado de seguridad.

Mandiles y delantales, diseñados y construidos con materiales adecuados al trabajo y tipo de riesgo que se trate. Cinturones de seguridad, caretas, salvavidas o equipos de protección semejantes.

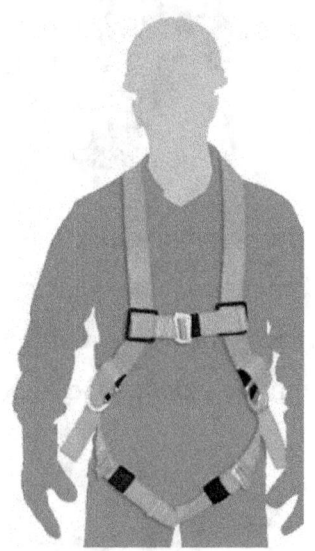

EPIs

Los equipos de protección individual (EPI) son elementos, llevados o sujetados por la persona, que tienen la función de protegerla contra riesgos específicos del trabajo. Cascos, tapones para los oídos, gafas o pantallas faciales, mascarillas respiratorias, guantes o ropa de protección, calzado de seguridad o equipos anticaídas, son equipos de protección individual.

Los EPI son pues elementos de protección individuales del trabajador, muy extendidos y utilizados en cualquier tipo de trabajo y cuya eficacia depende, en gran parte, de su correcta elección y de un mantenimiento adecuado del mismo.

Los equipos de protección individual deberán utilizarse cuando los riesgos no se puedan evitar o no puedan limitarse suficientemente por medios técnicos de protección colectiva o mediante medidas, métodos o procedimientos de organización del trabajo.

Para que los EPIs puedan ser comercializados y por tanto utilizados en las empresas, se les exige la marca de conformidad, la cual estará constituida por el símbolo CE.

Los equipos de protección individual proporcionarán una protección eficaz frente a los riesgos que motivan su uso, sin suponer por sí mismos u ocasionar riesgos adicionales ni molestias innecesarias.

Por lo que deberán

- Responder a las condiciones existentes en el lugar de trabajo.
- Tener en cuenta las condiciones anatómicas y fisiológicas y el estado de salud del trabajador.
- Adecuarse al portador, tras los ajustes necesarios.
- En caso de riesgos múltiples que exijan la utilización simultánea de varios equipos de protección individual,

éstos deberán ser compatibles entre sí y mantener su eficacia en relación con el riesgo o riesgos correspondientes.

Riesgos donde se hace necesario el uso de equipos de protección individual

En el ambiente de trabajo se puede estar expuesto a:

-Factores de origen Físico.

-Contaminantes físicos: ruido, vibraciones, rayos X, etc.

-Factores de origen Químico.

-Contaminantes químicos: gases, vapores, humos, etc.

-Factores de origen Biológico.

-Contaminantes biológicos; virus, bacterias, hongos, parásitos.

-Factores derivados de las características del trabajo.

-Exigencias de la tarea al trabajador: posturas, nivel de atención.

-Factores derivados de la organización del trabajo.

-Tareas, Horarios.

-Factores o Condiciones de Seguridad.

-Condiciones materiales que influyen sobre la accidentabilidad, máquinas, pasillos, etc.

Consecuencias derivadas de las condiciones de seguridad
- Lesiones originadas en el trabajador por objetos móviles, materiales desprendidos, etc.
- Lesiones originadas por aplastamientos.
- Lesiones originadas por golpes contra objetos.

Utilización y mantenimiento de los equipos de protección individual

Conviene tener en cuenta las siguientes recomendaciones

La utilización, el almacenamiento, mantenimiento, limpieza, desinfección cuando proceda y la reparación de los equipos deberán efectuarse de acuerdo con las instrucciones dadas por el fabricante. Las condiciones en las que estos equipos deban ser utilizados, en particular en lo que se refiere al tiempo durante el cual haya de llevarse, se determinará en función de:

- Gravedad del riesgo.
- Tiempo o frecuencia de exposición al riesgo.
- Condiciones del puesto de trabajo.
- Prestaciones del propio equipo.

Estos equipos de protección individual estarán destinados en principio a uso personal, no obstante, si las circunstancias exigiesen la utilización de un equipo por varias personas, se adoptarían las medidas necesarias, para que ello no originase ningún problema de salud o de higiene a los diferentes usuarios.

Cuestionario 5

1.- ¿La empresa constantemente les recuerda las normas de seguridad?

Si - No

2.- ¿Existen diferentes tipos de seguridad en las diferentes áreas de trabajo?

Si - No

3.- ¿La empresa imparte constantemente capacitaciones de seguridad?

Si - No - A veces

4.- ¿La información que les brindan es suficiente?

Si - No

5.- ¿Se revisa que los trabajadores porten el equipo de seguridad adecuado?

Si - No

6.- ¿Cuenta con el equipo de seguridad adecuado por parte de la empresa?

Si - No

7.- ¿Usted como trabajador tiene la cultura de seguir los protocolos de seguridad adecuadamente?

Si - No - A veces

8.- ¿Cree que la salud tiene que ver con la seguridad?

Si - No

9.- ¿Cree que la empresa le da la importancia suficiente a la seguridad?

Si - No

Seguridad e Higiene Industrial Ing. Miguel D'Addario

Cuestionario 6

1.- ¿Cuáles son los objetos de seguridad personal más utilizados?

2.- ¿Cuáles son los accidentes más comunes en tu área?

3.- ¿Existe algún protocolo a seguir en caso de un percance en la empresa?

4.- ¿Qué zona es más susceptible a un accidente?

5.- ¿Qué acciones se toman en caso de un percance?

6.- ¿Has sufrido algún accidente?

7.- ¿Cuál fue la causa que origino el accidente?

8.- ¿Cree que es vital conocer la seguridad que la empresa ofrece?

9.- ¿Por qué?

10.- Menciones 5 Equipos de Protección Individual.

Cuestionario 7

1. El término "condiciones de trabajo" a efectos de Prevención de riesgos se circunscribe:

    a) Solamente a las características del trabajo generadoras de propiamente dichos.

    b) Solamente a las características del trabajo generadoras de sentido estricto.

    c) Solamente a las características del trabajo que generan sociales.

    d) Las características del trabajo que generan riesgos de ergonómicos y psicosociales.

2. La salud es un equilibrio en lo:

    a) Social y físico.

    b) Físico y mental.

    c) Físico, mental y social.

    d) Ninguna es correcta.

3. Interrelaciones entre trabajo y salud:

    a) El trabajo siempre perjudica a la salud.

    b) El trabajo, según los casos y circunstancias, puede perjudicar o mejorarla.

    c) La salud no incide en el trabajo ni positiva ni negativamente.

    d) La salud solo incide negativamente en el trabajo.

4. Los riesgos se derivan:

    a) Tan sólo de los factores técnicos, físicos y mecánicos.

    b) Tan sólo de los factores humanos.

    c) De los factores técnicos, humanos y organizativos.

    d) Solamente de los factores organizativos.

5. Los riesgos profesionales generan situaciones que pueden romper el equilibrio:

    a) El equilibrio físico y social de las personas.

    b) El equilibrio físico y mental de las personas.

    c) El equilibrio físico, mental y social de las personas.

    d) El equilibrio motriz.

6. Un medio ambiente de trabajo adverso, ¿Qué daños puede acarrear?

    a) Falta de autonomía temporal.

    b) Dificultades de comunicación.

    c) Enfermedades profesionales.

    d) Ninguna es correcta.

7. ¿Qué es más interesante para el prevencionista?

    a) Prevenir.

    b) Proteger.

    c) Planificar.

    d) Certificar los costes de la prevención.

8. Las técnicas preventivas a adoptar son:

    a) Seguridad.

b) Higiene.

c) Medicina del trabajo.

d) Las tres citadas más la ergonomía y psicosociología.

9. La seguridad en el trabajo se relaciona con:

   a) La ergonomía.

   b) La Higiene Industrial.

   c) La Psicosociología.

   d) Con todas las anteriores.

10. Las técnicas de seguridad pueden ser:

    a) Primarias y secundarias.

    b) Analíticas y operativas.

    c) De concepción y de corrección.

    d) A priori y a posteriori.

11. Las técnicas operativas pueden ser de:

    a) De concepción y de adaptación.

    b) De concepción y de corrección.

    c) De concepción, observación de aplicación.

    d) Todas son correctas.

12. Las técnicas analíticas de seguridad comprenden:

    a) Las anteriores y posteriores al accidente.

    b) La ejecución de las medidas preventivas.

    c) La estadística y el control operativo.

    d) La formación y las técnicas de grupo.

13. La metodología de una Inspección de Seguridad ha de comprender las siguientes fases:

    a) De preparación y de ejecución.

    b) De preparación, ejecución y valoración.

    c) De ejecución.

    d) De ejecución y discusión.

14. Las Inspecciones de Seguridad pueden ser:

    a) Puntuales.

    b) Intermitentes.

    c) Puntuales y planificadas.

    d) Planificadas.

15. Los Partes de Incidencias son para realizar:

    a) Análisis de situación.

    b) Fichas de seguridad.

    c) Inspecciones de seguridad.

    d) Planificación de las medidas preventivas.

16. Las Guías de Inspecciones o Fichas de Seguridad son:

    a) Un instrumento para saber cómo se han producido los accidentes.

    b) Un instrumento para anotar las observaciones de las inspecciones de la empresa.

    c) Un elemento a controlar dentro del Sistema de Prevención de Riesgo.

    d) Un elemento a guardar y ocultar al detectarse un riesgo de accidente.

Legionella

Acerca de la Legionella

La legionelosis es una enfermedad bacteriana causada por la Legionella pneumophilia, que se manifiesta en forma de infección pulmonar (neumonía) o en forma de síndrome febril leve (Fiebre de Pontiac). La Legionella habita en las aguas superficiales (lagos, ríos, estanques) formando parte de su flora bacteriana. Desde aquí puede colonizar la red de suministro, e incorporarse a los sistemas de agua sanitaria (fría o caliente) u otros sistemas que requieren agua para su funcionamiento como las torres de refrigeración.

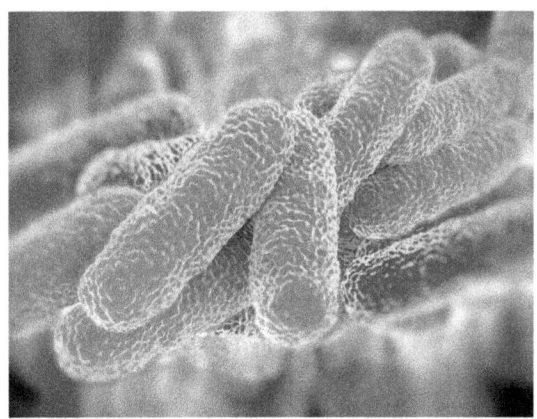

Desarrollo de la bacteria

En instalaciones mal diseñadas, sin mantenimiento con mantenimiento inadecuado, se favorece el estancamiento del agua y la acumulación de productos nutrientes de la bacteria, como lodos, materia orgánica, materias de corrosión y amebas, formando una biocapa. La presencia de esta biocapa, junto a una temperatura propicia, explica la multiplicación de la Legionella hasta concentraciones infectantes para el ser humano. Si existe en la instalación un mecanismo productor de aerosoles, la bacteria puede dispersarse por el aire, y penetrar por inhalación en el aparato respiratorio.

Condiciones para la infección
Penetración de la bacteria en el circuito de agua.
Multiplicación de la bacteria en el agua Dispersión en el aire del agua contaminada.
Inhalación de las gotas (aerosol)

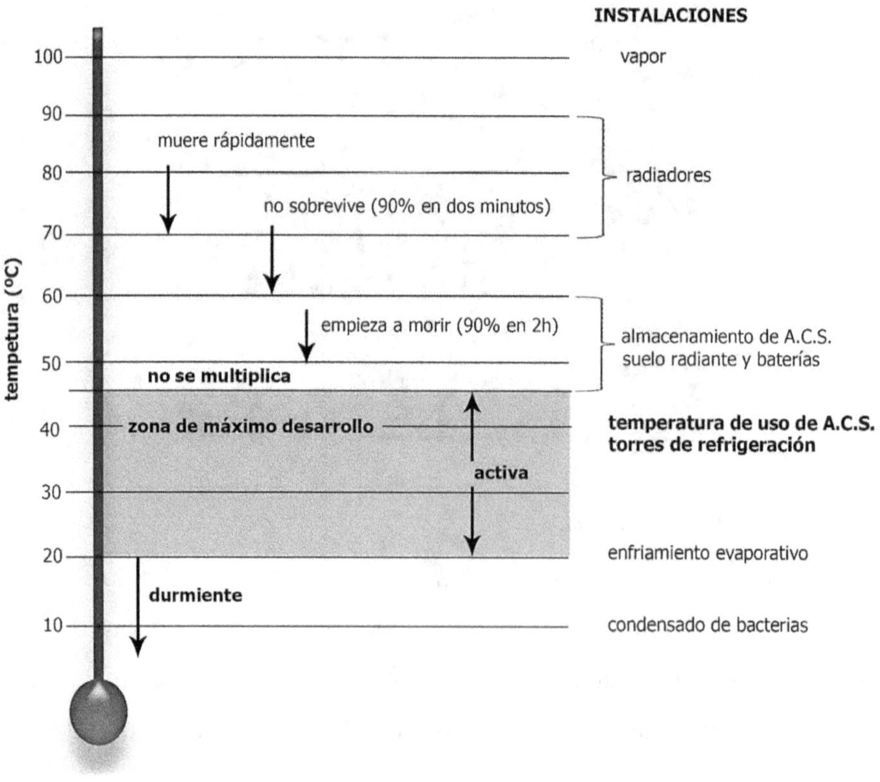

Normativa aplicable

-Real Decreto 865/2003 por el que se establecen los criterios higiénico-sanitarios para la prevención y control de la legionelosis.

-Reglamento de instalaciones térmicas en los edificios (RITE) y sus instrucciones técnicas complementarias.

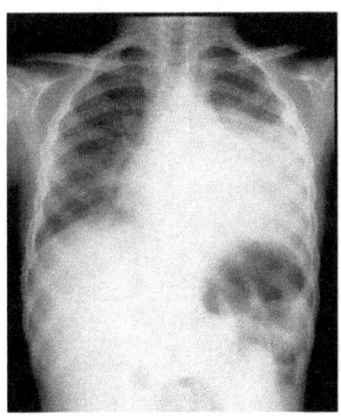

-NORMA UNE 100030:2005 IN Guía para la prevención y control de la proliferación y diseminación de Legionella en instalaciones.

-NORMA UNE 112076:2004 IN: Prevención de la corrosión en circuitos de agua.

-Directiva 97/23/CEE: Directiva Europea de Equipos a Presión.

Aplicación de la normativa
Ámbito de aplicación

-Instalaciones que utilicen agua, y produzcan aerosoles, y estén situadas en edificios de uso colectivo, industriales o medios de transporte.

Instalaciones de riesgo

-Sistemas de distribución de agua sanitaria, caliente y fría.

-Equipos de enfriamiento de agua evaporativos (torres de refrigeración y condensadores evaporativos).

-Sistemas de agua climatizada (jakuzis, hidromasajes, etc.)
Instalaciones excluidas.

-Las ubicadas en edificios dedicados al uso exclusivo en vivienda, excepto aquellas que afecten al ambiente exterior de estos edificios.

Medidas preventivas generales

Diseño de las instalaciones

-Eliminación o reducción de zonas sucias mediante un buen diseño de las instalaciones

Mantenimiento

-Evitando las condiciones que favorecen la supervivencia y multiplicación de la Legionella, mediante:

-Revisión

-Limpieza y desinfección

-Revisión de instalaciones de A.C.S sujetas al RD 865/2003

Diariamente: Temperatura del acumulador: ≥ 60°C.

Semanalmente: Purga del acumulador.

Mensualmente: Temperatura de los grifos: ≥ 50°C.

Trimestralmente: Revisión de los depósitos.

Anualmente: Determinación de Legionella. Limpieza y desinfección. Revisión total de la instalación.

-Revisión de instalaciones de A.C.S sujetas al RD 865/2003.

-Limpieza y desinfección mínimo una vez al año. 2 procedimientos:

-Hipercloración: Clorar el depósito, y mantener el tiempo indicado en el R.D.

Limpiar a fondo las paredes del depósito, y aclarar.

Llenar el depósito y reestablecer las condiciones normales.

-Choque térmico: Vaciar, y si es necesario, limpiar las paredes del depósito. Aclarar. Llenar y elevar la temperatura del agua hasta 70°C (mín. 2 horas). Abrir todos los grifos (mín. 5 minutos). Confirmar T ≥ 60°C. Vaciar el depósito y volver a llenar para su uso habitual.

Responsabilidades

Serán los titulares de las instalaciones los responsables del cumplimiento de lo dispuesto en el R.D. La contratación de un servicio de mantenimiento externo no exime al titular de la instalación de su responsabilidad. Obligatoriedad de que el titular disponga de un registro de mantenimiento, con las siguientes anotaciones:

-Fecha de tareas de revisión, limpieza y desinfección.

-Productos utilizados, dosis y tiempo de actuación.

-Fecha de realización de cualquier otra operación.

-Fecha y resultados analíticos de análisis de agua.

-Firma del responsable técnico de las tareas realizadas y del responsable de la instalación.

El registro de mantenimiento estará a disposición de las autoridades sanitarias.

Prevención de Incendios

La prevención del fuego es una de las cosas que debemos practicar todos los días. Nunca se puede decir que nuestra empresa no tiene riesgos de fuego y que podemos descansar tranquilos a este respecto. Y aun cuando pudiéramos decir eso hoy, no hay nada que indique que mañana no habrá ninguno tampoco. Uno de los más grandes riesgos de fuego y contra el cual debemos luchar todo el tiempo es el amontonamiento de basura, desperdicios, material viejo, desechos, etc. Para eso están los recipientes. Las estadísticas demuestran que la mayoría de los incendios empezaron en montones de basura y desperdicios, y si esta basura se hubiera echado a donde corresponde no hubiera habido fuego. Fumar es otro de los problemas. Tenemos que cumplir las reglas de la empresa. Donde haya avisos de no fumar, no podemos, no debemos fumar. Los únicos lugares para fumar son aquellos donde se han asignado con este fin. La electricidad, también puede iniciar un fuego. Si el equipo eléctrico que usted usa necesita una reparación, obtenga que la persona calificada lo haga. Los sustitutos o reparaciones temporales son peligrosas. No sobrecargue enchufes ni coloque muchos adaptadores, ni elimine la tercera patita con adaptadores, esto podría causar un incendio y aún más, podría quedar electrocutado. Otra cosa que hay que observar son los escapes de gas. Estos pueden proceder de tuberías dañadas o mecheros que no han sido cerrados. Si detecta un escape de gas, infórmelo inmediatamente. Por supuesto que, si se trata de un mechero que no ha sido bien cerrado, ciérrelo usted mismo, pero averigüe si hay razón de haber dejado el mechero a medio apagar, puede ser que la perilla esté dura para cerrar, infórmelo a su supervisor. En caso de que un fuego pueda empezar, tenemos extintores. Conozca donde están y como usarlos. Conozca cuales debe usar para cada clase de fuego y ponga de su parte para que no se bloqueen u obstruyan, pues de nada sirve si ustedes no pueden llegar a ellos. A veces nos descuidamos porque nunca ha habido un fuego o no se ha presentado un incendio hace mucho tiempo. Pero la única manera de asegurarnos que no lo habrá en el futuro es prevenir el desarrollo de condiciones que puedan causar el fuego. He mencionado algunas de las causas más comunes.

Hay otras, además.

Por ejemplo:
- Aceite en los pisos.
- Maquinarias recalentadas.
- Adaptadores eléctricos.
- Fumar en zonas prohibidas.
- Máquinas sucias, llenas de polvo.
- Sobrecarga de enchufes.
- Escapes de gas.
- Acumulación de basura.
- Materiales inflamables cerca de fuentes de calor.
- Otros.

En caso de incendio

Es muy probable que la empresa tenga un reglamento definido, un plan y un equipo especial para informar, combatir y evacuar en caso de fuego. Así que en esta charla nos limitaremos a esquematizar algunas reglas generales únicamente. Úsenlas como una guía para presentar los procedimientos que deben seguirse en la empresa y dar una información básica en el uso de extintores y otros equipos para combatir el fuego.

¿Qué hacer?

Bien, en caso de fuego usted debe lar la alarma, debe tratar de sofocar el fuego y debe tratar de salvar su pellejo. Pero usted no debe gritar, no debe correr, no debe agarrar cualquier extintor si no sabe. Hay una manera correcta y una manera equivocada de actuar en caso de fuego. En la empresa hay muchos equipos modernos para combatir un fuego que pueden ayudarnos a salvar nuestro trabajo y nuestras vidas, si lo usamos de manera correcta.

-Primero: en caso de fuego, lo primero es informarlo. ¿No trataría usted de extinguir el fuego primero? Si es algo que pueda salir de nuestro control y expandirse, notifíquelo primero a los bomberos. Muchos fuegos no han podido ser controlados porque alguien trató de hacerlo sin tener suficiente equipo o ayuda. Mejor es llamar a los bomberos y no necesitarlos, que no llamarlos y necesitarlos. Pero haga ambas cosas si es posible. De la alarma y trate de combatir el fuego. Use trabajo de equipo. Uno da la alarma, otro combate el fuego. Para informar un fuego rápidamente use la caja de alarma que esté más cercana, comuníquese con los bomberos y diga quien es usted, donde está y donde se encuentra el fuego, que clase de fuego es y como se lo está combatiendo. Espere a los bomberos. Esto es importante. Ya sea que usted use la alarma o el teléfono, haga que alguien salga a encontrar a los bomberos para dirigirlos al sitio exacto del fuego. De otra manera se perderá segundos preciosos. Advierta a todos los que están implicados en el fuego. Pero conserve su cabeza. No corra. No grite. A menudo el pánico causa más daños que el fuego.

-Segundo: trate de extinguir el fuego. La mayoría de los fuegos empiezan en pequeños y pueden ser fácilmente extinguidos, usted no pierde en tiempo y lo hace correctamente.

He aquí lo que se debe saber
Conozca que tipo de fuego es. ¿En materias sólidas, líquidas inflamables o equipos eléctricos? No use agua en aceites o equipos eléctricos vivos. Causaría su expansión y hay el peligro de electrocución.
Sepa que extintores debe usar en las distintas clases de fuego.
Conozca donde están los extintores.
Conozca como operarlos.

-Tercero: Evacue con seguridad.
Conozca el significado de las sirenas y de los avisos
Conozca su rol en las prácticas de incendio.

Conozca la localización de las salidas de emergencia más cercanas.

Siga las instrucciones de los bomberos para la evacuación.

Conserve la calma, no corra, no empuje ni forme tumultos. Espere su turno.

Si abandona su trabajo pare la máquina, cierre el gas, etc.

No trate de salvar sus pertenencias, las demoras pueden significar su vida.

Conozca la localización y el uso de los extintores

Cuando hablamos de fuegos, generalmente pensamos en esos incendios espectaculares que arrasan con miles y miles de pesos en daños, paralizan el tráfico por horas y movilizan hasta los bomberos de otras localidades.

Por cada uno de estos incendios, hay miles que no aparecen en los diarios, que se descubren cuando todavía son pequeñas llamaradas y se apagan rápidamente por personas de pensamiento rápido que usan extintores manuales.

Prácticamente todos los fuegos, incluso los que hacen noticias espectaculares, comienzan como llamitas pequeñas que pueden apagarse fácilmente si se descubren pronto y no se pierde tiempo en combatirlos.

Casi todos los incendios, pueden apagarse pisándolos o echándoles un vaso de agua o utilizando un extintor portátil. Pero en unos pocos minutos estos mismos fuegos pueden crecerse fuera de nuestro control y destruir un edificio y, talvez algunas vidas humanas. La rapidez en apagar un fuego es el factor más importante.

Seguridad e Higiene Industrial Ing. Miguel D'Addario

Significado de las letras que poseen los extintores

TIPOS DE FUEGO		
A		Madera, papel, cartón, tela, plástico etc.
B		Pintura, gasolina, petróleo, etc.
C		Equipos o instalaciones eléctricas.
D		Sodio, potasio, magnesio, aluminio, titanio, etc.
K		Grasas y aceites de cocina.

La mayoría de los extintores son del tipo ABC, de polvo químico y son aptos para casi todo tipo de fuego. Los BC son de CO_2, dióxido de carbono, que es un gas el cual hay que tener el cuidado de nunca accionarlo hacia los ojos de una persona ya que el CO_2 sale a unos -70°C lo cual nos congelaría los ojos y al tocarlos estallarían como vidrios.

Tengamos en cuenta los siguientes puntos
Conozca la localización de los extintores en su departamento.
Conozca como usar los distintos extintores suministrados.

Manténgase los extintores libres y sin obstáculos en todo tiempo. Lea atentamente las instrucciones de los extintores, en ellas indica en qué forma se debe apagar un fuego. En caso de un incendio que requiera usar un extintor, tómelo, quítele la traba de seguridad, accciónelo en el lugar y si funciona corra al lugar del incendio y apunte el chorro hacia la base de la llama y no se retire del lugar hasta que esté totalmente extinguido, en caso contrario diríjase hacia un lugar seguro. Hemos tenido un paseo sobre la localización y uso de los extintores. Creo, por lo tanto, que dentro de una semana o más todos ustedes serán capaces de localizar todos los extintores de la empresa. También creo que conocerán que clase de extintores son y como deben usarse. Creo que tampoco los bloquearán ni permitirán que otros lo hagan. Y si empieza un fuego no se pararán a pensar lo que deben hacer. Ustedes podrán automáticamente ir hasta el extintor más próximo y usarlo en la forma correcta sin pensarlo mucho. De esta manera estarán en capacidad de salvar su trabajo y, tal vez su vida. No confíen solamente en los extintores de la empresa para que los proteja del fuego. La única manera de prevenir un incendio es apagarlo cuando empieza. No permita que los fuegos empiecen, pero si esto sucede sepan cómo usar los extintores.

Seguridad e Higiene Industrial Ing. Miguel D'Addario

Recomendaciones y consejos finales

De vez en cuando alguien pregunta: ¿Paga realmente la seguridad? El esfuerzo, el dinero que se gasta en programas de seguridad, el planeamiento, las campañas, los carteles, etc.

Solamente hay una respuesta, "sí". Es difícil ver algunas de las maneras importantes de cómo la seguridad paga, uno puede levantar el dedo y decir: mire, aquí fue donde la seguridad pago ayer, aquí es donde va a pagar la semana entrante, etc.

Con los accidentes es una historia diferente. Uno puede ver los accidentes y hasta algunas veces sus resultados (un rastro de sangre, un grito de dolor, etc.) que atraen la atención. Pero usted no puede ver los accidentes que se han prevenido. No puede ver los daños, el desastre o la muerte que se ha prevenido con las campañas de seguridad.

Como se ve, la seguridad paga es una realidad invisible, pero no por ello menos valiosa. La electricidad es también invisible, sin embargo, es una cosa muy valiosa.

Una de las formas en que podemos mostrar los resultados de los programas de seguridad es poniendo las ganancias en pesos y centavos.

El propósito de una planta, o de cualquier planta, es producir. Si una fábrica no puede mantener sus costos de producción suficientemente bajos, u obtener un gran volumen de producción, no hay ganancias.

-Primero, la seguridad produce costos más bajos. La seguridad recorta el desperdicio innecesario de materiales, tiempo y fuerza de trabajo. La seguridad preserva nuestra máquina y el equipo que es una inversión costosa y costosa de reemplazar. Así un buen récord de seguridad nos trae costos de operación más bajos, suma mayores ganancias y abre las posibilidades de mejores salarios.

-Segundo, la seguridad garantiza un producto mejor. No hay ganancia sin ventas y no hay ventas sin un producto de primera calidad. Los accidentes pueden resultar en productos defectuosos, bien por el daño inmediato en nuestros productos o rebajando la moral de los trabajadores.

Y tiene que haber una magnífica moral si se quiere que haya magníficos productos. Seguridad significa buenas condiciones de trabajo, ambiente saludable, trabajadores que tengan todos los estímulos a su alrededor para rendir al máximo. Un buen producto debe tener seguridad detrás de sí.

-Tercero, la seguridad garantiza el trabajo. Estamos hablando ahora acerca de su habilidad para ganarse el sueldo, para llevar a casa cada mes esos billetes que pagan el alquiler, alimentos a los niños, etc.

-Cuarto, la comunidad entera se beneficia de la seguridad. Vivimos en una sociedad compleja. Esta empresa como las otras, es apenas un diente en el engranaje de toda maquinaria. Pero es un diente importante. Nuestra comunidad, otras fábricas, otros negocios de distintas clases dependen de nuestra producción sin interrupción. Cuando se paran una cantidad de nuestras operaciones, otras también lo hacen en nuestra comunidad (y en todo el país). Y nadie puede poner obstáculos a la producción tales como perder un hombre clave o dañar el equipo vital a causa de un accidente.

Programa de seguridad

No ponemos carteles de seguridad para tener puntos pintorescos en la empresa o para divertirlos a ustedes. No instalamos guardas en las máquinas solo para satisfacer el capricho de algún ingeniero o técnico en seguridad. No hacemos estas reuniones de seguridad para darles la oportunidad de descansar en horas de trabajo o fastidiarlos un rato. Hacemos estas cosas porque son provechosas para todos.

Con esto digo lo siguiente

En las primeras fábricas, las operaciones eran simples. Ordinariamente un molino de agua o una máquina andaban despacio. El uso de material altamente explosivo o inflamable y venenosos era limitado.

Aun así, mucha gente se lesionaba o se mataba trabajando en esas fábricas. Si Juan Rodríguez se mataba en un accidente, nadie culpaba a nadie. Era la mala suerte de Juan, su viuda y sus chicos tenían que resolver su propio problema.

Pero hace unos cuantos años la gente empezó a darse cuenta de que los accidentes y los incendios podían prevenirse. Luego vinieron las leyes que colocaron la responsabilidad directamente sobre los patrones. Y aún aquellos propietarios que combatieron dichas leyes han tenido que reconocer que la seguridad es un buen negocio. Que los accidentes les estaban restando buenos trabajadores y que la producción era afectada y costaba dinero adiestrar nuevos obreros. Los accidentes estaban dañando también el equipo y el material y que esas pérdidas no pueden asegurarse.

Después de todo, los empleados son seres humanos y no quieren que la gente se lesione. De tal manera por todas las consideraciones han estimado que es necesario hacer seguridad.

El trabajo de seguridad consta hoy de tres partes principales: educación, ingeniería y entusiasmo.

Antes de que una empresa se convierta en un lugar seguro para trabajar, cada persona desde el gerente hacia abajo debe ser educado para creer que las lesiones y los incendios pueden ser prevenidos. Y cada cual debe ser adiestrado para hacer su trabajo en forma segura.

La ingeniería es la segunda parte. Todas las máquinas, operaciones y procesos se estudian desde el punto de vista de la ingeniería, para determinar la manera más segura de trabajar. La ingeniería por ejemplo incluye las guardas de los equipos, el diseño de los edificios, la forma de cómo deben hacerse las cosas, etc.

La tercera parte del programa de seguridad es la que impulsa al entusiasmo. Cada quién en la empresa debe interesarse en evitar las lesiones y los fuegos, exactamente igual como todos debemos interesarnos en producir la calidad a bajo costo por unidad o dar un buen servicio.

Hay cosas raras en las lesiones. Algunas veces el trabajador se lesiona en un oficio que ha estado desempeñando por años y luego la investigación demuestra que siempre ha realizado ese oficio en forma insegura.

Por esto es que tenemos que estar hablando de seguridad, por eso tenemos que estar haciendo advertencias. Cada uno de nosotros cree que un accidente no puede sucedernos a nosotros. Pero todos sabemos que, si alguien comete un acto inseguro constantemente, habrá de ocurrir una lesión tarde o temprano.

Por eso una de las metas de nuestro programa de seguridad es construir el entusiasmo y convencernos a cada uno de nosotros de la necesidad de evitar accidentes y fuegos.

Trabajar con seguridad es una de las mejores maneras de asegurarse el hombre a sí mismo, y han notado ustedes que el hombre inseguro es el que tiene mayor posibilidad de una lesión. Todos podemos desarrollar hábitos arriesgados. Si una persona comete un acto inseguro sin que le pase nada, otros harán lo mismo. La parte más laboriosa de la seguridad es hacer que todos deseemos cumplir las reglas de seguridad y habituarnos a trabajar con seguridad. Ahí es donde reside el entusiasmo.

Nuestro programa de seguridad está para recordarnos que debemos hacer un esfuerzo para prevenir las lesiones a nosotros mismos y a nuestros compañeros. Por eso tenemos un programa de seguridad.

Los accidentes tienen causas

Cuando hay un accidente (ya sea la muerte de un hombre o que la señora rompe un plato) siempre alguien pregunta: ¿Cómo sucedió?

La respuesta será invariablemente la misma: no fue casual. Alguien o varias personas causaron el accidente.

Los accidentes no son casuales. Siempre son causados, y la causa es casi siempre que alguna persona o personas fallaron en su tarea en alguna parte. Supongamos que usted se cae en las escaleras de su propia casa y se rompe una pierna. Esto no es una casualidad. No había ningún diablito esperándola allí para hacerle una mala jugada. Algo lo hizo caer y ese algo fue el resultado de la acción de alguna persona o la falta de alguna persona en actuar cuando debía haberlo hecho.

Lo probable es que la caída se deba a su propia falta. Tal vez usted tenía prisa y bajó las escaleras más rápido de lo que debía. Tal vez se había tomado algunas cervezas. Tal vez trató de llevar un bulto voluminoso que le hizo perder el equilibrio. Tal vez su vista es defectuosa y no se preocupó por ponerse los anteojos.

Pero tal vez alguien hizo algo para causar el accidente. Es posible que uno de los niños olvidara sus patines o la señora dejara un balde. Tal vez la alfombra estuviese rota o enrollada o estaba oscuro y usted no se molestó en encender la luz.

O probablemente usted hubiese empezado a subir cuando alguien bajaba a toda velocidad y el choque lo hubiera hecho perder el equilibrio. Puede ser también que las escaleras se hubiesen desplomado por estar mal construidas. Y tantas cosas. Pero en realidad, si usted se cayó y se quebró una pierna, lo más probable es que esto sea una combinación de varias de estas cosas. Es posible que usted hubiera estado de prisa, no viera el patín olvidado por el niño y al agarrarse a la baranda rota esta cedió y le hubiera permitido caerse.

Esto es igualmente cierto de los accidentes en el trabajo. Todo accidente es causado por alguien y muchos de los accidentes son causados por combinación de fallas humanas.

Voy a dar un ejemplo de lo que ocurre con un fuego, aunque pudiera aducir igualmente buenos ejemplos en la operación de maquinarias, manejo de materiales, usos de escaleras, o cualquier otra situación de trabajo.

Yo enciendo este fósforo.

(Sr. Supervisor: encienda esta cerilla y muéstrela encendida)

Luego la tiro al piso.

(Sr supervisor: -Tire la cerilla encendida en el piso limpio)

¿Ven lo que ocurre? Se apaga por sí misma. Pero supongamos que hago esto:

(Sr supervisor: -Rompa y revuelva algunos pedazos de papel y póngalos en una lata. -Encienda un fósforo y póngalo entre los papeles, asegurándose que los queme).

El primer fósforo se apagó por sí solo, pero fue tirado a un lugar limpio, y el segundo empezó un fuego porque cayó en medio de un material combustible.

De manera que, si un fuego empieza, ¿Qué lo ha causado? ¿La persona que descuidadamente tiró el fósforo encendido? ¿O fueron las personas que dejaron el material combustible tirado por ahí en lugar de limpiarlo? La respuesta por supuesto es que ambas partes causaron el fuego. Fue una combinación de causas. De esta manera ocurren la mayoría de los accidentes. Sabemos que se pueden violar las reglas de seguridad muchas veces sin que se causen accidentes. Pero cuando se viola una situación en la cual concurren las otras partes de la combinación, todo está listo, esperando convertir ese acto suyo en un desastre. La cosa es simple: No todo acto peligroso produce un accidente. Pero ningún accidente se produce a menos que se haya cometido uno o varios actos peligrosos.

Algunas veces nos engañamos pensando: "Todo está bien, de tal manera debo dejar la precaución a un lado sin que se produzca un accidente".

Este modo de pensar es justamente lo que produce todas las fatalidades de que oímos hablar. Por ejemplo, una persona cree que un revolver que no tiene balas y piensa que puede violar las reglas de seguridad. Puede apuntar el revólver a un amigo y apretar el gatillo, porque naturalmente un revólver descargado no ha matado a nadie. Pero en algún momento que se equivoque con respecto a la carga, es entonces cuando hay que recordar la frase que dice "nunca apuntes con un revólver a cualquier cosa que no quieras matar".

En su trabajo diario, usted sabe la forma correcta de desempeñar su oficio. Recuerden que, si ustedes lo hacen siempre así, nunca serán las personas que causen un accidente.

Los casi-accidentes son advertencias

Mucho me han oído hablar sobre accidentes ocurridos, pero creo que es la primera vez que hablo de los accidentes que no ocurrieron, que casi sucedieron. Creo que me entienden. Quiero decir aquellos casi-accidentes, aquellos casos que lo hacen pensar a uno que está de buena suerte.

Los casi-accidentes no causan lesiones, pueden aún no dañar el equipo, pero, sirven de advertencia, un llamado de atención, para tomar una acción rápida. De otra manera la misma situación puede causar un accidente real la próxima vez.

¿Saben ustedes lo que evita que un casi-accidente sea un accidente real? Ordinariamente es un décimo de segundo o la fracción de una pulgada de espacio. Menos de un segundo o menos de una fracción de pulgada y hubiera sido fatal. ¿Esta diferencia se debe a la suerte? No muy a menudo. Supongamos que un automovilista al ir a su casa se precipita sobre un niño que corre a través de la calle detrás de su pelota. ¿Fue buena suerte que no arrollara al niño en el último segundo? No Otro conductor podría haberlo golpeado. Pero los reflejos de éste fueron más rápidos, estaba más alerta, más precavido, tenía mejores frenos, mejores luces, llantas, etc. De cualquier manera, no es solamente la buena suerte lo que separa a un casi-accidente de ser un accidente real.

Cuando ha habido un caso de estos, lo más probable es que la próxima vez el automovilista pase más despacio por ese barrio. Sabe que hay niños jugando y que pueden llegar a lanzarse a través de la calle. Por eso en las empresas los casi-accidentes deben servir como advertencia, y es bueno que se comenten en las reuniones de seguridad. La condición que causa los casi-accidentes pueden fácilmente causar un accidente real la próxima vez que ustedes no estén alertas.

Tomemos una mancha de aceite derramado en el piso. Un compañero la ve y pasa bordeándola, sin pisarla, y no sucede nada. El compañero siguiente no la ve, la pisa y se resbala, casi se cae. Otro tercero resbala, o no puede conservar el equilibrio y cae golpeándose en la cabeza o quebrándose la columna vertebral. Recordemos que los caso-accidentes son signos de que algo anda mal, por lo tanto, mantengamos nuestros ojos bien abiertos para ver las pequeñas cosas que andan mal. No nos alcemos de hombros y hagamos algo acerca de ellas, corrigiéndolas o informándonos. Tratemos los casi accidentes como si fueran accidentes graves y corrijamos las causas que dieron origen mientras halla tiempo. No menospreciemos las advertencias.

Inspecciones

El propósito de una inspección de seguridad es, encontrar las cosas que causan o ayudan a causar accidentes. Yo preguntaría: ¿Cuántas inspecciones se realizan a los sistemas de incendio, luces de emergencias, escaleras de mano, calderas, orden y limpieza, etc.?

Esto parece que es mucho inspeccionar. Y lo es, además que cuesta dinero. Pero es necesario, pues de otra manera no lo harían. Las empresas generalmente no son tontas, no gastan dinero en cosas que no son necesarias, por lo tanto, podemos estar seguros de que las inspecciones pagan.

Pero yo quiero llegar a convencerlos de que también pagarían para todos si todo el mundo hiciera un poco de inspección, ya que solos los supervisores no tienen el tiempo suficiente de inspeccionar las cosas tan a menudo como lo requieren. Por lo tanto, es necesario pedir ayuda a todo el personal.

Tal vez ustedes no se dan cuenta, pero muchas de las cosas equivocadas que hay en una empresa se pueden prevenir por medio de una inspección apropiada. Y esto es cierto para toda la empresa y particularmente para los accidentes. no solamente aquellos causados por una escalera en mal estado, o la cabeza suelta de un martillo. Una avería de cualquier clase aumenta la probabilidad de accidentes porque causa confusión y ordinariamente crea riesgos.

En la mayoría de los casos de accidentes, se pueden prevenir con un buen trabajo de inspección, el cual permite evita lesiones, corrigiéndose los defectos.

Cuando se realizan trabajos en diferentes turnos, se deben mirar bien las cosas, a su alrededor. ¿Hay algo que estorbe? Esto quiere decir que halla bajo sus pies un piso limpio, parejo, no deslizante, sin manchas de aceite, sin objetos que interrumpan la circulación, etc.

Las caídas causan o contribuyen a muchos accidentes. Uno puede torcerse un tobillo o una rodilla, o romperse un dedo o dos, lastimarse la muñeca, etc. Incluso en recintos cerrados uno se puede golpear la cabeza.

Se puede mejorar esto haciendo que sus hombres sugieran cosas que se deben inspeccionar a menudo. También puede hacer que algunos la digan cuales son las cosas que ellos piensan que deben inspeccionar y que mirarían en sus inspecciones.

Los avisos tienen un significado

Los avisos de seguridad me han puesto a pensar. Ustedes saben a cuáles me refiero. Estos avisos dicen: "Peligro", "Alto Voltaje", "No Fume", "Salida", etc. Hay dos reacciones de la gente frente a los avisos. Algunos se disgustan con las prohibiciones y quieren hacer lo contrario. Son gente que no les gusta que se les diga que es lo que deben y no deben hacer.

Otros se dan cuenta de que estos avisos tiene un significado y que están allí por alguna razón. Los toman como una advertencia amigable y los recuerdan con gratitud.

Es claro que la segunda reacción es la correcta. Cuando se prohíbe subir a los carritos o autoelevadores, no se trata solamente de hacerlos caminar y mortificarlos, es que se hace esta prohibición para recordarles que ese accionar puede derivar en una lesión. Un aviso de "No Fume", no se pone solamente para impedirles que hagan humo, sino para prevenir que se pueda iniciar un incendio. Nadie cree que un gran incendio puede empezar con un cigarrillo o fósforo, pero según los informes, muchísimos incendios empiezan con una colilla o con un fósforo, causando incalculables pérdidas en dinero, en heridos y en muertos.

La atención de los avisos es ayudarlos, no ponerlos furiosos. Lo que sucede a menudo es que nos familiarizamos con los carteles que ya ni los vemos, o si los vemos no les prestamos ningún sentido y eso es lo que me ha puesto a pensar.

Veamos un ejemplo: ¿Cuántos de ustedes recuerdan ahora los motivos de los cuadros que hay en la sala de ustedes, o en la de cada uno? ¿Es difícil cierto? Lo mismo pasa en todos los sectores de la empresa, pero estos tienen una función importante, sino la gerencia no tiraría la plata en avisos. Por ejemplo, sabía que en caso de incendio las personas por lo general entran en pánico, y ese pánico hace que el ser humano perciba solo un color, el verde, de allí que las señales que indican las salidas son de color verdes. Por eso los avisos se han puesto donde están para evitarles un accidente, una lesión, este es el verdadero sentido.

La seguridad es algo personal
Con tanto hablar de seguridad a veces olvidamos que cuando nos concierne la seguridad es cosa muy personal.
La máquina con la que trabajamos puede tener guardas o puesta a tierra, pero si la o las anularíamos no nos beneficiaría mucho.
Nos pueden dar guantes anticorte o gafas de seguridad, pero si no los utilizamos no nos protegerán.
Podemos cubrir todas las paredes con carteles, darles todos los elementos de seguridad que existan, pero ninguna de esas cosas puede liberarnos de los accidentes si nosotros nos queremos accidentarnos. Por eso debemos aceptar nuestra propia seguridad y no depender de guardas o de otras personas.
Cuando se conduce un automóvil, se acepta la responsabilidad. Se sabe que el auto tiene frenos, pero no debemos confiar en ellos totalmente. Se maneja más despacio si el tráfico es denso o si la carretera es mala.
Ni se debe depender de otra persona. Uno puede tener el derecho a pasar en un cruce, pero se sabe que la otra persona puede no conocerlo y, entonces se maneja con esa posibilidad en la mente.
Lo mismo ocurre en el trabajo, sus máquinas tienen guarda, pero uno aún tiene que ser cuidadoso. Por ejemplo, si usted ve aceite derramado, no se debe ignorarlo porque usted no lo derramó. Usted lo limpia o informa para que ni usted ni otro pueda resbalar o sufrir una caída.

La seguridad es una cosa personal. Los accidentes nos ocurren a nosotros individualmente.

Accidentes graves

Cuando a una persona le falta una parte del cuerpo o no puede usarla apropiadamente, lo llamamos lisiado, inhábil. Un hombre con desventajas frente a la vida.

En la vida, tener la desventaja de unos dedos menos, o ser ciego o sordo, es algo que hace todo el negocio de vivir y trabajar sea más difícil y duro, y esta gente tiene que trabajar más fuerte que el resto de nosotros para cumplir su cometido.

No hay nada en nuestra labor que nos causen un accidente que nos dejen inhábiles. Pero no hay ninguna clase de trabajo en el cual no puedan ocurrir accidentes que nos dejen lisiados. Cualquier máquina puede invalidar si no se la maneja correctamente, desde una cafetera (eliminando la tercera patita del enchufe-puesta a tierra) hasta una máquina más sofisticada (aceitándola o intentándola repara en movimiento), de estos dos ejemplos uno se está arriesgando a quedarse electrocutado y a reventarse una mano.

La más leve cortadura puede infectarse a menos que se la cure inmediatamente, y una infección fuerza al médico a cortar el dedo o la mano o el pie infectado.

Un ojo se daña fácilmente, aún el pedacito más pequeño de metal o chispa o salpicadura de aceite puede perjudicarnos. Lo mismo pasa con los ácidos, químicos u estallidos de bombillas de luz. Por eso es que algunas de nuestras operaciones requieren protección de los ojos: para evitar a usted la grave desventaja de la ceguera.

Aquí puede hacer usted una lista de las operaciones que existen en la empresa, que necesitan utilizar protección en los ojos. (Si hay otro riesgo más importante, cambie el párrafo para ajustarlo a esa necesidad). Los accidentes que producen incapacidades permanentes: caídas, quemaduras, etc. Pueden ocurrir en el trabajo o en la casa. Pero pueden suceder u suceden. De tal manera que, si se quieren evitar incapacidades, debemos aprender a caminar con seguridad, respetar las cosas que pueden quemar o explotar, mantener nuestros ojos abiertos al tráfico, ya sea en la calle o en los corredores de la empresa. Las mujeres están más afectadas que los hombres por otras cosas: su buena apariencia. Por su propio bien, por el de su esposo o su novio, quieren y deben mantener su buena presentación. Por eso cuando les exigimos ponerse su gorra es en beneficio de su cabello. Y no olviden que una lesión puede causar una cicatriz de esa linda cara o provocar un impedimento en su habilidad para bailar. Nadie quiere ser un lisiado, un inhábil par el resto de su vida. Yo menos que nadie. De tal manera que conservémonos libres de accidentes, trabajando juntos en forma sana y segura.

Trabajar en equipos evita accidentes
Es una tradición y una necesidad trabajar juntos, ayudarnos mutuamente. Podemos llamarlo trabajo en equipo, o en todo caso la manera de hacer las cosas más fácil y rápidamente. Esto nos ayuda a mantenernos fuera de situaciones difíciles.

Trabajo en equipo es lo que mantiene alto la producción en la empresa. En realidad, es el trabajo en equipo entre los trabajadores y la gerencia lo que impulsa la producción en cualquier lugar del mundo. El trabajo en equipo hace a la seguridad de todos.

Tomemos el caso de un conductor seguro y defensivo. El verdadero conductor seguro no solamente mira por su propia seguridad, sino que trata de no poner en peligro la vida de los demás. Muchas veces cede el derecho de a la vía para ayudar a otro conductor que se ha metido en una congestión. Rebaja su velocidad para permitir que aquel a quien había tratado de pasar de sitúe bien cuando descubra algo que viene en dirección contraria. No es solamente tener el derecho a la vía o tener la razón, es el hecho de trabajar en equipo para evitar accidentes. el conductor seguro y defensivo está convencido de que alguna vez cometerá también una tontería en la ruta, en la calle y necesitará el trabajo en equipo de otras personas para ayudarlo.

Lo que se aplica en la ruta, en la calle, también es aplicable en el trabajo. No es solamente el caso de que usted trabaje con seguridad, sino también tiene que pensar u poquito en la seguridad de los demás. Tiene que darles una mano ocasionalmente a sus compañeros para prevenir o evitar accidentes en el cual pueden verse comprometidos.

Supongamos que usted está haciendo todo lo posible por mantener el piso limpio de objetos extraños. Su propio sitio de trabajo se conserva limpio y sus prejuicios van a la basura. Supongamos que ahora usted ve a otro compañero que deja caer un objeto al piso. ¿Los ignora y se va o lo levanta? ¿O se agacha y lo levanta para que nadie se tropiece? ¿Puede usted decirle a su compañero que algo se le cayó accidentalmente, pero, no es lo más sensato recoger ese objeto antes de que alguien se tropiece y pueda lesionarse? Este es justamente un ejemplo de cómo ustedes pueden cooperar con los demás para evitar accidentes. Nunca puede decir uno que clase de situación se le va a presentar en la cual se necesite el trabajo en equipo para prevenir un accidente. Estas situaciones hay que resolverlas según surgen, trabajando en conjunto y ayudando a los compañeros.

En resumen
1- Piense un poco en el otro compañero, su seguridad puede depender de usted.

2- Si usted ve algo equivocado, no lo pase por alto. Si no puede corregirlo fácilmente, infórmelo y asegúrese que otra persona se hace cargo de ella.

3- Si un trabajo es demasiado grande para usted solo, consiga ayuda, y ayude a los otros compañeros que lo necesiten.

4- Sobre todo, si tiene algo que sugerir para hacer más seguro el trabajo, no se lo guarde, hágalo saber.

Buenos hábitos
Si usted maneja un automóvil y hay un aviso de pare, siempre en el mismo lugar, usted lo obedece sin pensarlo.

Mete el freno, saca la mano, se asegura que el camino esté libre y entonces dobla. Y usted hace estas cosas automáticamente, lo hace decenas, cientos de veces cada día. No hay necesidad de que usted se detenga y se diga a sí mismo: estacione el auto, cierre la puerta, etc., usted hace todas estas cosas sin pensarlo, porque es un hábito.

Nosotros podemos adquirir el hábito de estar seguros en cualquier clase de trabajo. La seguridad se convierte en algo que se puede hacer sin detenerse a pensar acerca de ella.

Por ejemplo, si adquirimos el hábito de levantar un peso con los fuertes músculos de las piernas, el hábito no permitirá que se haga esto con los débiles músculos de la espalda, pero no olvidemos que mientras hay seguridad en los buenos hábitos, también hay peligro en los malos hábitos. Tomen como ejemplo la persona que tiene la costumbre de bajar del auto del lado del tráfico, este hábito puede causarle un grave accidente.

Para establecer un buen hábito hay 3 pasos simples
1- Se empieza el trabajo correctamente. Se aprende el buen hábito de la seguridad del trabajo.

2- Se practica el hábito correcto. Se mantiene haciendo el trabajo correctamente, apropiadamente y con seguridad, cada vez que lo ejecute.

3- Finalmente, no se deja perder el hábito, haciendo siempre lo que se supone que debe hacerse de manera correcta, en la forma segura.

Empiece haciendo las cosas bien, manténgase haciéndolas bien y trate de hacerlas aún un poco mejor. Así es como se hacen buenos hábitos. Y esos buenos hábitos harán su trabajo más seguro.

Bromas peligrosas

En épocas antiguas, los caballeros se lanzaban por los caminos a demostrar su valor y fuerza de su brazo. Salían a buscar el peligro, a crear disturbios. Desgraciadamente dentro de las empresas también existen estos caballeros, aunque los antiguos tenían razón para hacer eso, ya que buscaban un mundo mejor. Y los de las empresas a los que me quiero referir, solo lo hacen para lograr unas carcajadas.

Y ustedes saben a qué clase de tipos me estoy refiriendo. Para lograr una carcajada de sus compañeros o ganarse una sonrisa de una chica se harán los tontos o tratarán de poner a otro en ridículo.

Se usa mucho molestar a los recién entrados. Se les suele hacer bromas por ser novatos. Casi todo hombre instalado en su trabajo está un poco confuso, todo es nuevo y raro para él, es fácil ridiculizarlo. Es el momento en donde necesita una mano que lo guíe, alguien que lo ayude.

Por ejemplo, hay quienes gozan quitándoles el asiento a sus compañeros, y esto es muy peligroso, ya que no solo puede sufrir un golpe en el extremo inferior de la espalda, sino porque puede causar una reacción de parte del afectado que termine en tragedia para el mal aventurado bromista. Otros tienen el buen sentido de dejar sus bromas para las horas fuera del trabajo, pero las hacen en los vestuarios, baños, etc. Luchan, se hacen cosquillas, con la mejor intención del mundo de divertirse un poco, pero olvidan que esto puede causar un resbalón, un golpe, que puede resultar en un brazo o una pierna partida. El punto es que en la empresa es todo trabajo y nada de juego, tiene que ser así si queremos que sea algo seguro. Así que dejemos los chistes, las bromas pesadas, y los juegos de mano.

- No ejecute bromas de mal gusto ni juegos de mano peligrosos.
- No le siga el juego a ningún bromista.
- Si ustedes están con gente que le gusta vivir peligrosamente, no lo hagan.
- Hay otros que pueden sufrir por su culpa.

Qué hacer en caso de accidente grave

Creo que todos estarán de acuerdo que nuestro primer interés debe ser por la persona lesionada. Por ejemplo, en caso de un accidente automovilístico, es apenas natural que preguntemos: ¿Se lesionó alguien? Así nuestro primer pensamiento es para los que pueden estar heridos.

De tal manera que la primera cosa que hacemos es suministrar primeros auxilios al lesionado. Si ustedes han recibido o leído instrucciones de primeros auxilios sabrán lo que hay que hacer.

Los primeros auxilios si se suministran correctamente, serán sobre todo para proporcionarle comodidad a la víctima y también prevendrá una lesión posterior. No hay que apresurarse a mover al lesionado hacia el hospital ni permitir que nadie lo haga.

Ahora, después de haber prestado los primeros auxilios, llamen al médico y también a una ambulancia si la lesión es grave para necesitarla. Al llamar al médico descríbanle el tipo de lesión y la forma en que ocurrió. Tengan siempre a mano los teléfonos de emergencia.

Luego de que la víctima es atendida por el médico o se halle en el hospital, hay otras cosas que deben hacerse, veamos algunas de estas cosas:

Algunas veces las situaciones que siguen a un accidente crean peligros para otras. Por ejemplo, como resultado de un accidente el equipo o el material puede presentar un peligro de choque eléctrico, de fuego, o de circulación. Asegurémonos que cuidamos estas situaciones antes de que alguien más se lesione o por lo menos mantengamos la gente alejada hasta que el personal de mantenimiento se haga cargo de la situación.

Ya hemos cuidado al lesionado y hemos evitado que ninguna otra persona se lesione. ¿Qué sigue? Debemos notificar a las oficinas sobre el accidente inmediatamente. Esto es importante por varias razones. Una de ellas es que la empresa debe notificar, a la aseguradora de riesgos de trabajo, a los familiares y quizás a su médico particular.

Hay datos que son importantes que se deben tener en cuenta, como por ejemplo nombre y la dirección de la víctima, hora y localización del accidente, naturaleza de la lesión, si se condujo el lesionado al hospital o fue llevado a su casa, etc.

Instruya a sus hombres a quién deben notificar el accidente.

Es importante que ustedes recuerden todos los hechos acerca del accidente por otra razón. Como ustedes saben no hay sino una sola cosa posible que podemos ganar con un accidente: la información de cómo prevenir accidentes similares. Si vamos a prevenir que ocurra el mismo tipo de accidente, debemos obtener todos los hechos de los que ocurrió para que se causara el accidente.

Por eso es por lo que la compañía de seguros hace una investigación. Habrá quizás muchas preguntas. Recuerden que no se trata de inculpar a nadie pues no se está buscando un culpable. Los hechos se necesitan para propósitos estadísticos y como les decía hace un momento, para tomar las medidas correctivas del caso al fin de evitar su recurrencia.

Tal vez ustedes no hayan pensado en todas las cosas que siguen a una lesión grave. Todo accidente produce una gran cantidad de trabajo para todos, no solamente para el pobre compañero que se ha lesionado. Pero no hay sino una sola manera de evitarnos todas estas preguntas y molestias que siguen a un accidente: hacer todo lo que esté a nuestro alcance para evitar lesiones.

EPIs

Ustedes saben que usamos la ropa de trabajo 8 horas al día. Esto es mucho más de lo que usamos nuestra ropa dominguera y de reuniones sociales. Sin embargo, cuan poco cuidado le ponemos. Las ropas de salir siempre están listas limpias y planchadas, nos preocupamos porque nos ajusta bien, y nos gastamos una gran cantidad de dinero en ellas. Conozco personas con armarios llenos con ropa de salir, pero día tras día, usan las mismas ropas de trabajo manchadas, sucias, rotas, etc.

No quiero decir que vengamos al trabajo como banqueros, pero sí que nuestra ropa esté limpia y nos quede cómoda. Hay que tener ropa con la cual se pueda trabajar cómodamente y estén diseñadas para la clase de trabajo que desempeñemos. No se trata de vestidos bonitos, sino de que nos ajusten bien y sirvan para el trabajo requerido.

Por ejemplo, si existen máquinas en las cuales por un simple contacto nos pudiéramos quemar un brazo, deberemos usar ropa con mangas largas, y de lo contrario, si estuviésemos frente a máquinas que tengan poleas o realicen movimientos giratorios deberemos usar mangas cortas. En todos los casos se deberá tener el pelo atado para evitar un atrapamiento o que se nos queme el pelo. La parte de las piernas de los pantalones son mejores sin dobleces, ya que éste puede convertirse en receptor de chispas, gota de aceite hirviendo, u otros materiales peligrosos. Mantener la ropa de trabajo bien limpia juega un papel en la prevención, ya que las ropas limpias protegen la piel, conservándola libre de mugre, gérmenes y materiales que causan dermatitis.

Los médicos dicen que la ropa de trabajo debe cambiarse por lo menos una vez por semana y mucho más seguido si se utiliza aceites, como realizar frituras, o se suda mucho. Claro está que la ropa interior y las medias deben cambiarse a diario. Con respecto a los zapatos, estos deben mantenerse en buenas condiciones, con los cordones bien amarrados y que ajusten bien al pie para evitar molestias. De vez en cuando deles un descanso a sus zapatos. Deje que el aceite y el sudor se sequen, esto ayuda a prevenir contra los dolores en los pies.

Luego está el equipo de la cabeza, hay que usar gorra que conserve el pelo limpio y fuera de la cara. Un gorro lavable es lo mejor, pues así se puede mandar a limpiar semanalmente con el resto de la ropa.

Si utiliza corbata o algo parecido, sujétela a la vestimenta de tal manera que no pueda enredarse con nada, ya que una corbata en peligrosa alrededor de las máquinas.

Y finalmente los relojes de pulsera, anillos y otras joyas son peligrosas en el trabajo, especialmente si se trata de una máquina con electricidad. Es mejor dejarlos en casa.

Pienso que es suficiente.

Para la seguridad y comodidad, todo se resume en lo siguiente

- Tenga ropa de trabajo fuerte y durable.
- Seleccione su ropa de trabajo a su medida.
- Cambie su ropa a menudo.
- Conserve el buen estado de su ropa de trabajo.
- Recuerde que nada de joyas, corbatas sueltas o cinturones demasiado largos.

Alguna vez hemos oído alguna historia sobre reparadores de antenas que se han roto el cuello al caerse de una escalera o de un techo. Casos como éste ocurren naturalmente. La gente que ejecuta trabajos peligrosos sin accidentarse y, de golpe, haciendo cualquier cosa simple tiene un accidente grave. Pero no hay que ir tan lejos para encontrar algunos ejemplos, en toda empresa hay personal que usa una escalera para cambiar una bombita, o levantar cargas muy pesadas, o trabajar con productos peligrosos.

¿Y qué sucede? Los compañeros que ejecutan estos trabajos lo ejecutan año tras año sin ningún accidente y, luego, cualquier día, en el ropero o en el baño, se cae y se rompe la cabeza o se fractura su mano o pierna.

Es raro y trágico que las cosas más simples, las que parecen más seguras, puedan causar accidentes graves. Creo que la razón está que, al hacer un trabajo, conocemos y tenemos los riesgos. Si manejamos aceite hirviendo, sabemos que nos podemos quemar y tenemos más cuidado, es decir que sabemos que pueden ocurrir accidentes en el trabajo y nos cuidamos más, tomamos mayores precauciones.

Pero cuando termina el turno, cuando dejamos de trabajar, nos descuidamos y bajamos la guardia. Y sucede el accidente. Tal vez cuando vamos para la casa, o haciendo un pequeño arreglo en el hogar, o cuando nos estamos cambiando de ropa o bañándonos en el trabajo.

Estos accidentes son difíciles de controlar. Porque en los baños y en los roperos o vestuarios no suceden muchos accidentes. después de todo solo estamos unos pocos minutos cada día.

Pero lo que es un hecho es que una caída al pisar un pedazo de jabón en los baños puede quebrar un hueso tan fácilmente como si se cayera de una escalera. Uno puede cortarse o golpearse tan fuerte contra un armario como si se golpeara contra una pared. Todo lo que les puedo decir a ustedes es que los accidentes pueden sucederse en cualquier parte y que los accidentes son malos en donde quiera que ocurran. Fijémonos donde ponemos los pies en los baños lo mismo que hacemos en nuestro trabajo.

Hay algunas cosas que provocan accidentes en los vestuarios

- Los papeles o periódicos viejos, toallas de papel, botellas o latas de gaseosas, colillas de cigarrillos; además de parecer el armario un basurero son peligros contra la salud y los riesgos de accidentes. Echen la basura al basurero.
- Las botellas de vidrio ruedan y se pueden quebrar, hay que tenerlas en sitios donde esto no pueda suceder, ya que pueden causar un corte.
- No tire un jabón al piso, en especial cuando es pequeño, ya que es muy peligroso, cualquiera puede resbalar con él.
- La ropa vieja y unos pares de medias sucias en el armario son lo suficiente para dañar el ambiente. Haga lavar la ropa.
- Hagamos de los pocos minutos que estamos en el día al llegar o salir del vestuario o baños, unos minutos placenteros y seguros. Mantengamos estos sitios limpios y libres de riesgos, por nuestro propio bien.
- Y no dañemos todo nuestro buen trabajo, convirtiendo los vestuarios en sitios de bromas pesadas, de lugares de riña o de lanzamiento de trapos sucios o toallas mojadas u otro juego que pueda conducir a que alguien se accidente.

Orden y limpieza

Quien les diga que la empresa de deba parecer a un cuartel en un día de inspección están equivocados.

Este es un lugar de trabajo. La mayoría de las empresas no pueden ser tan sanitarias como un hospital, pero he visto algunas que están muy cerca y casi no se puede notar la diferencia.

Nuestro problema es conservar la empresa lo suficiente mente limpia y ordenada para que no halla peligros de fuego, accidentes ni enfermedades. En otras palabras, tratamos de mantener limpio para bien de nuestra salud y nuestra seguridad.

No se les va a pedir que se tenga las zonas de trabajo tan limpias como una sala de terapia intensiva, ya que no tratamos heridas no comemos en los pisos, pero sí tratar de mantener lo más limpio posible que podamos.

La empresa debe estar libre de riesgos de incendio, de accidentes y de peligros contra la salud y lo suficiente mente ordenados los lugares de trabajo para que podamos ejecutar nuestro trabajo sin esfuerzos extras y sin fatiga.

Las siguientes cosas son las que hay que hacer para mantener la empresa

-Prevenir el fuego: Pongan los papeles, trapos o cualquier producto inflamable en los cestos de basura. Fíjese donde tira los fósforos. No fume en su trabajo, hágalo en algún lugar permitido por su supervisor. Informe sobre cualquier equipo defectuoso y no lo use, así no será un riesgo de incendio.

Asegúrese de que su área de trabajo esté segura en especial cuando utiliza productos a elevadas temperaturas.

-Mantener el equipo contra incendio sin obstáculos: Las cabezas de los rociadores, los extintores o mangueras, las puertas de emergencias no deben estar tapadas ni escondidas. No las bloquee de manera que presenten dificultades para operarlos.

-Prevenir las caídas: Mantengan los pasillos y escaleras libres de cualquier cosa que pudiera entorpecer a la gente para circular. No use los pasillos y escaleras como depósito de materiales.

-Devolver las herramientas a su lugar apropiado: Esto hace para todos nosotros más fácil en trabajo. Hay lugar para cada cosa. Recuerden que ninguna tares ha terminado hasta que no se devuelvan las herramientas a su lugar.

-Prevenir la propagación de las enfermedades: No hay necesidad de ser un médico para saber que la ropa sucia, comida en el piso, etc., atentan contra la salud. Mantengamos los vestuarios, comedores, baños, depósitos, etc., libres de mugre o basura ya que pueden propagar enfermedades.

-Querer que la empresa sea ordenada de tal forma que podamos trabajar eficientemente sin esforzarnos o lesionarnos.

-Recuerde que en seguridad la primera medida que se debe tomar es el orden y la limpieza, ya que con ella se evitan muchísimos accidentes.

El desorden y el desaseo causan dificultades

Pero el desorden y el desaseo en un sitio de trabajo causan dobles dificultades: producen ineficiencia y accidentes. Todo lo desordenado y todo lo que esté fuera de lugar es un riesgo.

Derrames de agua, aceites, herramientas dejadas por ahí, botellas vacías, desperdicios de papel, carretillas fuera de lugar, etc. Todo esto es una gran fuente de riesgo.

Por todo esto es tan importante tomarse su tiempo para mantener su propio sitio de trabajo en orden y limpieza.

El primer paso es tener un sitio para cada cosa y luego, conservar cada cosa en su sitio. Las existencias deben tener un sitio al cual pertenezcan. Cuando haya terminado con alguna cosa devuélvala a su lugar de origen, y la próxima vez que la necesite, ya sabrá que está allí y lo que es más importante es que no andará tirada por ahí donde pueda tropezarse, cortarse o caérsele en un pie. Tengan en cuenta que por ejemplo los trapos con aceite son materiales que se pueden prender fuego fácilmente, arrójelos en los cestos. Cuando usted adquiera el hábito de mantener limpio u ordenado su sitio de trabajo, entonces se dará cuenta que el orden y el aseo que usted ha mantenido en áreas de la seguridad le pagará dividendos en trabajos más agradables, más suaves, más rápido. Y también influirá sobre su moral, porque un hombre o mujer que ejecuta su trabajo con suavidad y nitidez obtiene una verdadera satisfacción en ello. Pero estas son solamente ventajas extras. La verdadera razón para un buen orden y aseo es protegernos a nosotros mismos y a sus vecinos contra accidentes, o dolores, que pueden lisiarnos para toda la vida.

Pasillos y corredores

Si no fuera por las estadísticas, dudo que muchos de nosotros creyéramos que los corredores y pasillos son sitios donde sucedan accidentes graves. Sin embargo, así es, y contra los hechos no hay ningún argumento. Hablaremos, pues, de lo que se ha aprendido de accidentes ocurridos en estos lugares.

Naturalmente que no hablo de accidentes que hayan ocurrido aquí, sino de los ocurridos en distintas plantas del país. Y estos accidentes que han costado dinero en servicio médico, compensación e indemnización.

El mayor número es de caídas. Los pisos resbalosos llevan mucha gente al suelo, lo mismo las cosas con las cuales uno se tropieza. Los tacos altos hacen caer a muchas mujeres. Ordinariamente el único daño sufrido de la vergüenza consiguiente, pero muchas señoras se han lesionado fuertemente una rodilla o se han torcido un tobillo y, aún, se han quebrado un hueso. Correr por los pasillos o corredores es buscar un accidente. Al mediodía o al salir de un turno es siempre invitarlo al accidente o a un disgusto, o a ambos. Si usted atropella alguna persona, a lo mejor esta reaccione con ira y malas palabras, si acaso no entra en acción directa.

Las escaleras contribuyen a los porrazos. Muchas de las caídas de escaleras se deben a malos hábitos, subir de a dos escalones, bajar corriendo, no usar la baranda, no pisar bien los escalones, zapatos de taco alto, etc. No olviden que una caída de una escalera puede matarlo a uno. Hay otra clase de accidentes en los pasillos. Uno que sucede de vez en cuando es el de irse encima de algo. Parece tonto, pero es así. Es muy fácil distraer nuestra atención cuando vamos caminando. Ustedes no se si conocen el caso muy popularizado del hombre que se distrae mirando cuando pasa una joven. Mira para atrás y se tropieza con cualquier cosa.

Vigile sus pasos
Este es uno de los temas más simples y no tiene nada que ver con cosas diferentes a mirar por donde se camina.

Parece una cosa tonta. Todos estamos caminando desde chiquitos, desde cuando teníamos un año o cosa así. Tuvimos nuestra parte de golpes y resbalones mientras estábamos aprendiendo. Claro que en la actualidad todos sabemos cómo caminar. Pero hay un número sorprendente de personas que se lesionan al caminar. Se resbalan, se tropiezan, se enredan, pisan cosas, caminan por donde no deben, como los niños cuando están aprendiendo.

No debería ser así. No hay ninguna razón para que tengamos accidentes al caminar, sin embargo, suceden. Es conveniente, pues, que veamos algunas reglas simples, de sentido común, para caminar con seguridad.

Fíjese que no haya agua, aceite u otros líquidos en el piso. Si ven aceites o grasas derramadas pasen por un lado y límpienlo o avisen que lo hagan. Si por algún motivo lo pisa, límpiese la suela de los zapatos. Sea particularmente cuidadoso en las duchas, donde los pisos están siempre húmedos, pise con cuidado y no deje jabón en el piso.

Observe los pisos defectuosos. Mire si hay cerámicas o alfombras levantadas, tornillos en los pisos, etc. En caso de que esto ocurra avise inmediatamente a su supervisor y advierta a sus compañeros que se encuentran por el lugar, informe las condiciones inseguras y cuide sus pasos.

Fíjese en los objetos tirados en el suelo. Tenedores, cuchillos, herramientas, cajas vacías, etc., siempre encuentran alguna forma de situarse en los corredores y convertirse en serios riesgos de tropezones. Evítenlos y recójanlos para que otros no tropiecen. No los tiren de una patada a otro lado.

Volteen despacio en las esquinas. Este consejo es válido tanto para los choferes como para los peatones, uno nunca sabe quién viene o va por la vía contraria, una persona con una carretilla, alguien con un tubo, con platos en la mano, etc. Disminuyan su rapidez y eviten un choque.

Tenga cuidado en las escaleras, subiendo o bajando. Usen los pasamanos de manera que puedan agarrarse a algo en caso de tropezar. Camine despacio, no lleve objetos que interrumpan su visión. Si un objeto es muy grande, muy pesado o voluminoso para llevarlo cómodamente, consiga ayuda para subirlo o bajarlo por las escaleras.

Camine siempre por los pasillos. Los atajos de un corredor a otro generalmente están obstruidos por materiales almacenados. Si no sufre dificultades por lo menos puede interferir con la gente que está trabajando. Y en lugar de ganar tiempo probablemente lo pierda trepando sobre cosas o bordeando obstáculos. Observe los avisos y cuando digan que no pase por allí es porque existe algún peligro. Esos avisos se colocan para su protección.

Sobre todo, camine, no corra. El límite de velocidad permitido es el de paso vivo. Andar más rápido es quebrantar el reglamento.

Es el viejo asunto que ocurre accidentes por querer ganar algunos segundos. La empresa no necesita economizarse en esa clase de tiempo que pueda causar la ausencia de un trabajador por un mes, una semana o aún un día. A la larga resulta más rápido caminar.

Como ustedes ven no hay nada técnico ni complicado en esto de caminar con seguridad. No he dicho nada que ustedes no conozcan. Esto sólo ha sido un recordatorio. Vigile sus pasos, fíjese por dónde camina.

Usar una escalera apropiadamente

La totalidad del tema sobre el uso de escaleras es muy grande, por eso hoy me limitaré a hacer hincapié en un solo punto: la colocación de una escalera para usarla con seguridad.

La primera idea que quiero plantear es la que se llama "la proporción de 4 a 1". Esto quiere decir que una escalera debe ser colocada de una manera que las patas estén en una cuarta parte de distancia del punto de apoyo (la pared, etc.) de la altura del punto donde la escalera se recarga sobre el punto de apoyo (pared, etc.). ejemplos: una escalera debe tener 0,25 metros de distancia de la pared por cada metro de altura que esta tenga hasta su punto de apoyo superior. Así una escalera de 2 metros de altura apoyada contra una pared debe tener sus patas a 50 centímetros de la pared, si tiene 3 o 4 metros las patas deben estar separadas de la pared 75 centímetros a 1 metro, respectivamente.

Si se pone la escalera en un ángulo más agudo (es decir, las patas a menos de la cuarta parte de distancia de la altura), el peso de su cuerpo o un movimiento cualquiera puede voltearla hacia atrás. Si la coloca en un ángulo obtuso (las patas a mayor distancia de la cuarta parte de la altura), hay el peligro de que el peso soportado sea mayor que la resistencia y se rompa.

También es claro que una escalera no debe utilizarse como andamio, en posición horizontal, ya que no está construida lo suficientemente fuerte para esta clase de trabajo.

Si tiene que usar una escalera enfrente de una puerta, asegúrese que esta no se pueda abrir. Ciérrela. Mejor aún, bloquéenla sólidamente, si no puede hacerlo, coloquen una guarda que mantenga a la gente alejada de la puerta.

Antes de usar una escalera, asegúrese que las patas están firmemente colocadas sobre una superficie sólida. Muchas veces estará por sí misma en una superficie suave o movible, manteniéndose bien así hasta que la persona ha sufrido una o dos terceras partes de la altura y luego caerse.

Si tiene que poner una escalera en una superficie blanda, hágale un fundamento sólido y a nivel de planchas pesadas y otro material. Si la coloca directamente sobre el piso, fíjese que esté a nivel y libre de grasa o aceite. De vez en cuando a algunos se les ocurre poner una escalera sobre una caja o un carrito de mano, o una mesa, etc. Cuando el que sube empieza a trepar, lo que está en las patas de la escalera comienza a rodar o resbalarse. No hay necesidad de describir lo que sigue. Por esto es necesario asegurarse que las patas estén sobre algo sólido e inmovible.

Las patas pueden ser la mayor fuente de dificultades, pero también la parte alta puede estar mal colocada, por ejemplo, una escalera que se apoya sobre el vano o el bastidor de una ventana es peligroso. Si tiene que usar una escalera con la parte alta cerca de una ventana, amarre una tabla a través de la escalera para darle una superficie de apoyo en la pared o lado de la ventana. Nunca apoye una escalera contra un material blando como cajas de cartón, etc. Ya que puede quedar a merced de un golpe. Si coloca la escalera sobre un andamio o algo que se le parezca, escoja una escalera lo suficientemente larga para que sobresalga por lo menos un metro arriba de la superficie del andamio. Esto le dará un margen extra de seguridad contra cualquier movimiento de posición del andamio o cualquier pequeño desplazamiento de las patas de la escalera. Cuando tenga que usar una escalera para trepar a sitios altos, amarre a la parte alta sólidamente. Su vida puede depender de estas amarras en caso de que ocurra lo inesperado.

Estas cosas no son difíciles no complicadas. Son simples precauciones necesarias para que su escalera le permita subir o bajar con seguridad. Si ustedes siguen estas ideas sobre la colocación apropiada de la escalera y si la usan adecuadamente una vez colocadas, será tan seguro como las de su casa. Pero si para empezar colocan mal la escalera, no siguen estas sugerencias la escalera puede tornarse súbitamente en un mortal enemigo, tirándonos lejos y rápido, no importa el cuidado que pongan al trepar.

Herramientas

Muchas lesiones que se producen por el uso de las herramientas de mano. Yo no sabía hasta que me puse a obtener datos.

Nadie sabe el número exacto, pero de la documentación que se ha podido conseguir, un 20 % de las lesiones con incapacidad, provienen de las herramientas de mano. Esto sin contar los que ocurren fuera del trabajo. Por lo tanto, no les parece importante que la prevención de accidentes con herramientas de mano sea materia de preocupación.

En consecuencia, trataremos las cosas que consideramos más importantes. Cada uno de ustedes puede tomar la cosa por cuenta suya y añadirle lo que yo he dejado de decir.

La primera cosa es mantener las herramientas en buenas condiciones. El antiguo adagio de que se puede conocer un buen mecánico por sus herramientas es tan verdadero que, en algunas empresas, no le dan trabajo a un mecánico que lo solicita, si no muestra un juego de herramientas de buena calidad y en buenas condiciones, porque saben que, para hacer una buena labor, es necesario que las herramientas estén en condiciones inmejorables.

Claro que un buen trabajador que puede hacer muchas cosas con herramientas adaptadas, pero les tomará más tiempo y no será su mejor tarea. No podrá estar orgulloso de ella. Y, por supuesto, puede sufrir o causar un accidente. Si da un golpe fuerte a un clavo largo y la cabeza del martillo vuela lejos, es posible que no golpee a su ayudante o a alguien que está cerca, pero la verdad es que a menudo golpeará la cabeza de alguien.

Si el mango de un martillo muestra, aunque sea una leve astilladura, debe reemplazarse. Ni aún el mango más cuidadosamente encintado es siempre suficientemente fuerte y puede perder el balance. Las llaves con quijada gastadas o torcidas son grandes causantes de lesiones.

Por supuesto que en cualquier trabajo cualquier persona puede lesionarse aún con buenas herramientas, si no las maneja bien. ¿Pero, para qué hacer más difícil y peligrosa la labor usando herramientas defectuosas? Si una llave agarra bien cuando debe hacerlo y afloja solamente cuando se necesita, el trabajo puede hacerse más rápido, más fácil, mejor y con mayor seguridad.

Otro punto importante es usar la herramienta adecuada al trabajo. Hay una gran cantidad de herramientas fácilmente obtenibles de una gran variedad. El hecho es que cada una de las herramientas que usamos está diseñada para un objetivo específico que ayuda a nuestra seguridad, a la producción, a la calidad de la obra y economiza esfuerzo porque el trabajo es más suave.

Esta especialización de las herramientas es particularmente importante a fin de usar la herramienta correcta adecuada al oficio siempre. Las llaves son malos martillos. Los destornilladores no se han hecho para usarlos como cinceles o palancas. Un martillo de carpintero puede servir para clavar un clavo, pero no debe usarse porque no está hecho para ello.

Todo esto puede parecer demasiado elemental porque cada uno de ustedes conocen cosas y tal vez mucho más acerca del mal uso de las herramientas.

Pero puede alguien honestamente decir que nunca, nunca, ¿Ha hecho un mal uso de su herramienta? El que puede decirlo lo felicito.

Como hemos visto, las herramientas manuales causan una gran cantidad de accidentes, pero todos ellos pueden prevenirse si quien usa herramientas procede siempre así:

Conservar sus herramientas en buenas condiciones.

Usar la herramienta adecuada al trabajo.

-Recuerden: los buenos hábitos y las buenas herramientas andan juntos, y la seguridad anda siempre con buenas herramientas usadas de manera apropiada.

Cuatro reglas para herramientas manuales

De todo el equipo puesto a nuestra disposición, las herramientas manuales las presuponemos como las más útiles y de las que más se abusa. La mayoría de nosotros tenemos un martillo, un destornillador o dos, una pinza, u otra herramienta en su casa. Estas herramientas las guardamos en una caja en algún sitio donde estén siempre a mano cuando las necesitamos. Y las usamos con tan poca frecuencia y en trabajos tan pequeños, que muchas veces, después de cuatro o cinco años están en buenas condiciones, que parecen nuevas. No siempre, claro está, pero sí muy a menudo sucede esto.

Así caemos en el hábito de admitir o por lo menos aceptar, que siempre están listas y en condiciones para el trabajo que esperamos de ellas. Este punto de vista no podemos aplicarlo aquí. El trabajo es rudo y, a menos que se cumplan las especificaciones, hay probabilidades de dañar un buen trabajo y de que la gente se lesione. Mas serio que el daño del material que puede resultar cuando se usa una herramienta equivocada o defectuosa, es el daño que ustedes pueden sufrir.

Revisemos las cuatro reglas fundamentales para el uso de herramientas de mano, que hacen más fácil el trabajo y permiten que se realice más rápidamente y con mayor seguridad.

-Primera: recoja la herramienta correcta para el trabajo. Si ustedes ven a un hombre subir una escalera, llevando un hacha para clavar unos clavos, desearían quitársela. Esto es muy difícil que ocurra. Los errores que cometemos al seleccionar las herramientas no son tan tremendos.

Si un trabajo necesita una llave de ½ pulgada, agarramos una, la colocamos en la tuerca y comenzamos a girarla. El error que podemos cometer es no molestarnos en conseguir una con manija más larga si la tuerca no afloja inmediatamente y nos parece más rápido empezar a golpear la llave con cualquier cosa antes que ir por otra más adecuada.

Algunas veces resulta, pero el riesgo que se corre no vale el minuto que nos hemos economizado. Si se golpea, la llave puede romperse y si se usa una extensión del mango, un pedazo de tubo, por ejemplo, puede zafarse y golpearlo a uno fuertemente.

Si selecciona una herramienta equivocada, cámbiela, si no sabe pregunte cuál es.

-Segunda: asegúrense que las herramientas que seleccionen para el trabajo estén en excelentes condiciones. Rehúse las que no estén en buenas condiciones e informen sobre las que les causen dificultades y haya que reemplazar.

Creo que ninguno de nosotros usaría un martillo que se le estará por volar la cabeza. Pero en muchas ocasiones usamos uno cuya cabeza se menea un poco. En cierta forma ese martillo es mucho más peligroso que aquel al que se le sale la cabeza. Porque sabemos que podemos predecir lo que sucederá.

-Recuerden: no usen herramientas que no estén en excelentes condiciones, con mangos bien ajustados, etc. Los cuchillos o similares deben estar bien afilados, los destornilladores deben tener hojas cuadradas con las caras paralelas. Toda herramienta debe estar libre de grasa o mugre es decir limpias.

-Tercera: usen la herramienta apropiada. Si no saben cómo, pregunten. Una herramienta inapropiada es más peligrosa que una equivocada. He aquí lo que quiero decir:

Este punto puede demostrarlo fácilmente con un destornillador para madera de una o media pulgada y dos pedazos de madera lo suficientemente pequeños para tomarlos en la mano.

Algunas personas a quien se les pidió atornillar estas dos piezas, las tomó en la palma de la mano y luego trató de unir el tornillo, en lugar de colocarlas en un banco. El conjunto es demasiado inestable para tener alguna seguridad. Fíjense que el destornillador y el tornillo pueden zafarse y punzarles la mano o la muñeca.

Los martillos deben tomarse de la parte inferior del mango, cuando se utilice una herramienta de corte, este debe hacerse hacia afuera, las llaves deben halarse y no empujarse, etc.

-Cuarta: almacene y cargue las herramientas con seguridad. Es preferible mantener la caja de herramientas semivacía que, sobrecargada, pues las herramientas cortantes pierden su filo más fácilmente en la última forma. Si necesita una caja de herramientas más grande, solicítela. Hay pocos puntos que deben recordarse si ustedes no usan su caja para llevar herramientas. Proteja los filos cortantes o punzantes y tómelos hacia fuera. Si tiene que llevar un número de herramientas que usted no puede tener cómodamente en sus manos, nos las coloque en el cinturón o en el bolsillo. Consiga una caja.

La electricidad

A menos que hayamos tenido suficiente instrucción y adiestramiento, no sabemos lo suficiente de electricidad, apenas si somos aptos para cometer las equivocaciones que producen incendios, electrocuciones o ambas. Y aprender cómo manejar la electricidad no es fácil. Se necesita tiempo y mucha escuela.

La electricidad se conoce hace más de dos siglos. Hace mucho tiempo que Benjamín Franklin voló una cometa en plena tormenta y probó que el rayo es causado por la electricidad que brinca de una nube a la otra o de una nube a la tierra. Franklin sufrió un choque eléctrico no lo suficientemente fuerte para quemarlo o golpearlo, tuvo suerte. Fácilmente pudo haber muerto. Volar una cometa lo bastante alto, con una cuerda que conduzca la electricidad es una manera muy extraña de llegar a viejos. Franklin aprendió lo suficiente para no repetir el experimento.

Los descubrimientos que han hecho posible la utilización amplia de la electricidad han ocurrido desde hace unos 50 años atrás. Desde entonces se ha aprendido como usar con seguridad la electricidad. Ha habida necesidad de una terrible cantidad de trabajo cerebral y experimentación de muchos de miles de científicos e ingenieros. Y colocado sobre todo esto están los cincuenta años de experiencia en cientos de miles de plantas y millones de hogares en el mundo.

Preguntarán ustedes, ¿Por qué les digo todo esto? Solo estoy tratando de recoger la evidencia para demostrarles que trabajar con electricidad no es oficio para gentes que no tengan un adiestramiento especial.

Lo que se sabe de la electricidad llenaría una gran librería. Todos los días se aprende más. Ningún cerebro humano sería capaz de abarcar todo lo que hay. No existe nadie capaz de saber ni siquiera la parte que corresponde con el uso de la electricidad en nuestros hogares y empresas. Aún en el aspecto de seguridad llenaría un libro enorme.

Por eso para aquellos que colocan circuitos eléctricos y hacen instalaciones en nuestras casas y empresas, se han desarrollado ciertos principios, ciertas reglas, ciertas normas, algunas de las cuales tienen que ver con la prevención contra incendios y otras contra la prevención de accidentes.

Estas reglas, normas, son utilizada actualmente por los hombres más idóneos del mundo en cuestiones de electricidad. Por eso cuando una persona ignora las exigencias de estas normas se trata de colocar por encima del conocimiento de aquellas personas que han dedicado su vida a esos estudios. Esto no podemos llamarlo confianza en sí mismo, sino más bien una enorme ignorancia.

La corriente que pasa a través de un conductor (cable, por ejemplo), siempre trata de escaparse hacia tierra o hacia otra línea. En caso de entrar en contacto con esta línea, la electricidad pasará a través nuestro provocándonos desde una quemadura hasta la muerte, todo dependerá de que corriente sea y que recorrido haga por nuestro organismo. Los efectos de la electricidad en el hombre son variados, paro respiratorio, paro cardíaco, quemaduras, fibrilación ventricular y muerte. En toda instalación eléctrica se debe contar con térmicas, disyuntor diferencial y puesta a tierra. Las térmicas son las que detectan un cortocircuito y se accionan cortando el circuito eléctrico por calentamiento de los cables eléctricos, pero estas no protegen nuestras vidas. Si lo hacen los disyuntores, los cuales detectan una fuga a tierra y está la envían a la jabalina o puesta a tierra. Este dispositivo sí salva nuestras vidas, siempre y cuando la puesta a tierra sea media anualmente. En cualquier momento ustedes pueden llegar a tener las manos mojadas o húmedas, lo mismo que sus medias, zapatos, etc. La humedad permitirá que pase mayor fluido a través de su cuerpo, siendo suficiente para pasar a mejor vida. No hay manera de decir por anticipado si las condiciones de su cuerpo son correctas para el paso necesario de la cantidad de corriente eléctrica que pueda matarle. Todo lo que se puede hacer es evitar las condiciones que hacen posible el choque eléctrico.

-Recuerde esta regla: no aborden ningún trabajo eléctrico que no se les haya asignado y no ejecuten ningún trabajo ningún trabajo eléctrico que se les haya asignado de ninguna manera distinta a como se les haya enseñado.

No trate de arreglar ninguna máquina o circuito eléctrico si no es su tarea, avise en caso de ver algo defectuoso, y recuerde que ningún equipo está hecho a prueba de tontos, y si tratamos de actuar como tontos, podemos lesionarnos.

Levantar cosas pesadas

Ustedes se imaginarán ya de qué clase de pasos se trata, pues hablemos de algo que todos tenemos que hacer alguna vez en nuestro trabajo e inclusive en nuestro hogar, levantar cosas pesadas. La gente siempre sufre lesiones al hacer esto. Pero no hay ninguna razón válida para ello.

Si aprendemos a levantar apropiadamente, podemos disminuir el número de lesiones en la espalda. Se nos ha enseñado que debemos levantar con los músculos de nuestras piernas y no con los de nuestra espalda. La razón para esto es una simple cuestión de anatomía. Podemos hacer una gran cantidad de trabajo, incluyendo el levantamiento de cargas pesadas, todo lo que debemos hacer es tomar en consideración la forma de cómo está construido nuestro cuerpo, si deseamos realizar nuestra labor sin lastimarnos, busquemos que es lo que sucede realmente cuando nos lastimamos la espalda levantando pesos excesivos o de manera equivocada.

Si ustedes de tocan la espalda, pueden sentir la curvada columna de su espinazo. Este espinazo o columna vertebral está construido por una cantidad de pequeños huesos apilados uno sobre otro.

Cada huesito descansa sobre la parte superior de un disco que es redondo y esponjoso y actúa como un amortiguador de choques. Los huesillos están unidos entre sí con ligamentos y hay músculos adheridos a los huesos, también, de manera que podamos moverlos. Si un hombre trata de levantar demasiado o levanta en forma equivocada, hará que haya mucho esfuerza en su espalda y pueda hasta romper estos músculos o ligamentos.

Por eso para levantar peso correctamente
- Separe los pies (al ancho de sus hombros) para tener buena base y presione los dedos de los pies.
- Al inclinarse flexione las piernas y no se doble por la cintura, mantenga la columna siempre derecha.
- Cuando levanta el peso los músculos abdominales sostienen su columna para compensar la carga. Acostúmbrese a usar juntos los dos músculos.
- Deje que soporten el peso sus músculos más fuertes (los de las piernas) y no los más débiles (los de la columna), mantenga sus curvas naturales.
- Mantenga la carga cerca del cuerpo, nunca debe estar alejada.
- Cuanto más cerca esté la espina dorsal menos fuerza hace sobre su espalda.
- Mantenga el paso de la carga, no le añada el peso de su cuerpo.
- Además, evite moverse a los lados, ello puede causar lastimaduras o desgarros.
- Si tiene que mover un carro, empuje, no tire.
- Si un peso es excesivo busque ayuda y utilice las técnicas anteriores, cuando se levanta una carga entre dos siempre deben mirar hacia el frente.

En resumen, al levantar un paso siga recuerde los siguientes pasos:
- Acérquese a la carga y tómela con firmeza, abrácela.

- Mantenga la espalda en su alineamiento natural al usar los fuertes músculos de las piernas para levantar la carga.
- Baje suavemente la carga.

El levantamiento de pesos produce muchas lesiones: la caída de las cosas que se tratan de levantar, sobre nuestros pies o los del vecino, lacerarnos las manos, hernias y dolores en la espalda.
Recuérdenlo y háganlo calmadamente.
Coloquen sus pies para quedar bien equilibrados.
Sitúense de manera que levanten directamente hacia arriba desde sus pies. Usen la cabeza y no sufrirán lesiones.
Los accidentes en el levantamiento de peso son completamente evitables.

Apilar materiales
Cuando ponemos materiales en una pila, la idea principal es que permanezcan así hasta que necesitemos quitarlos.
No queremos que una pila o parte de ella se derrumbe o caiga sobre la cabeza o los pies de alguien.

Para asegurarnos que la pila se va a mantener allí, hay cuatro puntos esenciales a seguir:
- La pila debe tener una base segura.
- Debe tener una altura segura.
- Los objetos deben estar bien acomodados.
- Debe haber espacio para moverse alrededor de la pila.

Una base segura, para una pila significa una superficie a nivel, plana y sólida. Si el piso o el suelo donde se va a construir la pila no es sólido, plano y a nivel, deben colocarse como bases tarimas, o soportes de madera, sólidamente apoyados y a nivel.

Una altura segura es aquella que no llegue tan alto que permita que la pila quede inestable y se inclinase o se voltee. Quiere decir también que sea lo suficientemente baja, de manera que la pila no sobrecargue el piso sobre el cual está colocada. (dependerá del material a apilar). Una altura segura quiere decir, además, que el material no puede apilarse si no hasta cerca de las 18 pulgadas de cualquier cabeza de rociador para no interferir la acción del riego en caso de fuego.

Bien acomodados significa que en la pila se deben cruzar los objetos para evitar la inestabilidad dentro de la pila, todo dependerá del objeto a apilar.

Los sacos por ejemplo deben cruzarse, en cambio los barriles se colocan sobre sus extremos y no sobre sus lados. La pila debe construirse en forma triangular, quedando cada barril sobre el borde de dos. Cuando las cajas a apilar no tienen dos veces su ancho, es difícil de estibar, y en este caso es conveniente otra tarima cada dos o tres filas. Si las cajas contienes bidones o botellas hay que tener en cuenta que sus picos queden hacia arriba y no apilar demasiadas ya que podrían romperse. Espacio para moverse alrededor de la pila, significa que los pasillos alrededor de la pila deben ser lo suficientemente ancho para permitir que los trabajadores lleguen hasta la pila o permitir que los carros contra incendio u otro equipo puedan moverse alrededor de la pila sin chocarse con ella. Este asunto del espacio alrededor de la pila también quiere decir que no debe sobresalir nada de la pila ya que puede causar un tropezón.

Hay decenas de diferentes tamaños y formas de cosas que deben apilarse, pero todo puede apilarse correctamente si recordamos los cuatro puntos de apilamiento seguro:

- Una base sólida.
- Una altura segura.
- Objetos cruzados dentro de la pila.
- Espacio para moverse alrededor de la pila.

Proteger las manos

Después de los ojos sus manos son probablemente la parte más importante del cuerpo, cuando se trata de realizar un trabajo. Sus manos son la que ganan el salario. Sus manos son, pues, preciosas. Sin embargo, son ellas las que más se lesionan que cualquier otra parte del cuerpo. En general cerca de un 25% de las lesiones suceden en las manos o los dedos. Esto es, claro apenas natural, ya que realizamos casi todo nuestro trabajo con ellas. Aún las personas de las oficinas pueden lastimarse sus manos. Pueden golpeárselas con un cajón del escritorio o al cerrar un archivador. Pueden romperse una uña llamando por teléfono, o pueden sufrir una infección con el pinchazo de un alfiler. Para los que no están en oficinas, que hacen un trabajo mucho más peligroso, sus manos están en mayores peligros. Sin embargo, no tienen por qué ocurrir accidentes en las manos. A pesar de la habilidad de sus manos, ella no son las que piensan. Son sus servidoras. Ellas van donde ustedes quieren que vayan. Corresponde a ustedes, pues, proteger sus manos, pensar en ella. Si lo hacen es probable que puedan mantenerlas lejos de todo accidente.

¿Cuáles son algunas de las maneras en que se pueden proteger las manos de lesiones?
- Usar la herramienta correcta.
- Usar herramientas en buenas condiciones.
- Mantener sus manos lejos de máquinas en operación.
- Tener cuidado en el manejo de materiales.
- Mantener siempre las manos limpias, libres de grasas.
- Usar los guantes cuando una tares los requiera.

Hay que tratarse las raspaduras, cortes o cualquier tipo de lastimadura. Solamente un rasguño o arañazo puede causar una infección. Por lo tanto, no exponga sus manos a ningún peligro.

Seguridad en el hogar

Los accidentes matan mayor número de niños que todas las enfermedades juntas.

Los accidentes en el hogar matan dos veces más personas que en la industria y lesionan tres veces más cantidad.

Estas muertes, estas lesiones son el resultado de incendio, ahogamiento, accidentes automovilísticos, resbalones, caídas, envenenamiento, etc. Ocurren en el baño, en la cocina, en el garaje, en las escaleras, en canchas de juegos, paseos, piscinas, donde quiera que haya gente.

¿Qué pueden hacer ustedes? No hay vacunas contra los accidentes, pero sí podemos realizar prevención.

Apliquen las reglas de seguridad que utilizan en el trabajo, en sus casas. Si ustedes se detienen a pensar las reglas de seguridad que aplican en su trabajo respecto a incendios y prevención de accidentes, estas servirán en sus casas también. Cosas tales como mantener las escaleras y pasillos libres de objetos, guardar productos venenosos e inflamables en lugares seguros, tener un extintor.

Enseñe a los niños a vivir con seguridad dándoles buenos consejos. La seguridad en el hogar es como la seguridad en el trabajo, un hábito, una manera de ver la vida. Ya que los niños aprenden de uno, un adulto que practica la seguridad en su vida es el mejor ejemplo para que los niños vivan con seguridad.

Haga su propio programa de seguridad fuera del trabajo. Interese a la familia en un plan de vivir con seguridad. Esté alerta contra todos los riesgos que rodean a su hogar.

Los accidentes en el hogar son la mayor amenaza para la salud y el bienestar de su familia. Recuerde esto siempre cuando salga del trabajo, todos los días y todas las tardes.

Yendo a trabajar (Accidente in itinere)

Ir al trabajo es cosa que tenemos que hacer por nuestra propia cuenta. Aquí nadie los dirige ni la empresa tiene que compensarlos si se lesionan en la calle.

Por lo tanto, la empresa desea que no vayan a lesionarse. Lo desea para que ustedes vayan a trabajar sin ausentismo, sin estar acostados en un hospital. De tal manera creo tener cierto derecho a aconsejarlos, aun cuando no sea una orden, de cómo deben mantenerse sanos y salvos cuando tienen que caminar en el tráfico.

Aunque ustedes hagan una larga caminata o tomen un transporte y luego tengan una corta caminata hasta la empresa, tomen siempre el camino mejor y más seguro.

Por ejemplo, si tiene que cruzar una calle o una ruta muy transitada, trate de cruzar en la esquina más segura. Esta puede ser una esquina donde haya semáforos o una senda peatonal o un puente.

Las investigaciones han mostrado que las horas más peligrosas para los peatones es entre la puesta de sol y la oscuridad que le sigue.

De tal manera que cuando vaya a casa a estas horas deben tomar dobles y triples precauciones, pues en estas horas los conductores están en capacidad de ver menos y les toca a ustedes protegerse.

Caminar bien es mejor que charlar mucho, cuando se trata de salvar la vida. Si ve que llega tarde al trabajo, no corra, acuérdese del dicho que dice más vale perder un minuto de nuestras vidas y no la vida en un minuto.

Cuando realiza trabajos de limpieza

Como recomendaciones al personal de limpieza hay muchas, haremos referencias a algunas de las cuales pensamos que son más importantes:

Siempre que retire las bolsas de basura, utilice guantes ya que no sabe lo que puede llegar a haber en su interior.

Respete los letreros de advertencia, si algo dice prohibido tocar, no lo haga, y si quiere saber por qué pregunte a su supervisor.

Utilice los elementos de protección que le provee la empresa, asegúrense de que sean los adecuados. Por ejemplo, si están baldeando utilicen botas, guantes y ropa de trabajo.

Nunca mezcle la lavandina con detergente ya que produce gases nocivos, ni tampoco los almacene en el mismo sitio.

No utilice adaptadores en las máquinas, ya que esta eliminando la tercera patita que es la puesta a tierra y en caso de una descarga eléctrica usted haría de puesta a tierra.

No realice tareas que no le corresponden, si ve algún desperfecto avise de inmediato a su supervisor.

No deje ningún tipo de elementos tirados, almacénelos correctamente.

Oficinas

Estas son algunas recomendaciones para el personal que trabaja en oficinas, puesto que las causas de accidentes son muchas, aunque no parezca.

Tenga una buena iluminación a su puesto de trabajo.

Siéntese con su espalda derecha y apoyada en el respaldar de la silla para evitar el cansancio.

No se hamaque en la silla.

Si su silla tiene ruedas, verifique que estén todas.

No arroje elementos cortantes al recipiente de la basura, sin previamente acondicionarlo para evitar que la persona de la limpieza se corte.

No tenga elementos cortantes o filosos sobre los escritorios.

Suba o baje escaleras sin apurarse, utilice todos sus escalones y sosténgase del pasamanos.

No suba o baje con objetos que interfieran su visión.

No coloque objetos que pudieran entorpecer el paso, como macetas, etc.

Evite el uso de zapatos con suela resbaladiza o tacos alto.

No baje ni suba las escaleras leyendo.

Para protegerse de descargas eléctricas, verifique que haya disyuntores.

Utilice enchufes con conexión a tierra (tres patitas el macho y tres orificios la hembra).

Nunca desconecte los artefactos eléctricos tirando del cable del enchufe.

Evite el uso de prolongadores y adaptadores.

No utilice triples superpuestos.

Apague las luces innecesarias.

Si huele a gas, no encienda fuego ni accione interruptores. Cierre la llave de paso, ventile y llame a personal idóneo.

El orden y la limpieza también son seguridad.

No obstruya las salidas de emergencias.

Asegúrese que en cada teléfono figure los números de emergencias (bomberos, policía, emergencias médicas, electricidad, gas, agua, defensa civil, etc.).

Ordenadores

Colóquese de manera adecuada delante de la pantalla de la computadora. Ninguna ventana debe encontrarse delante ni detrás de la pantalla.

El eje principal de la vista debe ser paralelo a la línea de ventanas.

Dentro del puesto de trabajo las pantallas deben situarse en el lado o zona más alejada de las ventanas.

Evite las luminarias de tubos fluorescentes sin pantalla.

Evite las luminarias dispuesta en líneas cruzadas.

Archivadores

No utilice solo la parte delantera de los cajones.

Déjelos siempre cerrados.

No recargue los cajones superiores.

No coloque elementos grandes o pesados en la parte superior de armarios y archivos.

Utilice correctamente una escalera de mano o tarima cuando quiera alcanzar un objeto situado en lo alto de un estante.

Si un archivador o estantería comienza a volcarse no se coloque delante para evitar su caída.

Tareas específicas

En la empresa se ha observado que se manipulan lámparas de gases a alta presión para las máquinas proyectoras. Estas lámparas pueden llegar a explotar al ser retiradas de su envase, lo cual nos lleva a la obligación de utilizar gafas de seguridad siempre que se manipulen y estas deben estar almacenadas bajo llave designando a un responsable de las mismas. El estallido de estas lámparas podría provocar un accidente el cual se lamentaría mucho, ya que las partículas de vidrio de la lámpara podrían incrustarse en nuestra vista y provocar un daño irreparable.

Las lesiones en la vista son unos de los accidentes más frecuentes en empresas, y estos por lo general son irreparables, dejan secuelas para toda la vida.

Es conveniente señalizar el sector de depósito donde se encuentran estas lámparas con un letrero de prohibido tocar, material explosivo, ya que, si algún curioso se le ocurriera abrir uno de estos envoltorios, podría causar uno de los accidentes que antes nombraba, con la desventaja de no poseer las gafas de seguridad.

Otra señalización sería el uso obligatorio de utilización de gafas de seguridad, y lo ideal es que las lámparas estén bajo llave y lejos del alcance de personal no autorizado.

En el depósito, al que nos referimos, es importante que no haya ninguna fuente de calor, ya que el cambio de temperatura puede provocar el estallido de las lámparas.

Si sus gafas están defectuosas o en mal estado, remplácelas por una nueva, no utilice las viejas y rotas ya que no cumplirían la función para la que fueron hechas: proteger su vista.

Hagamos un hábito la utilización de las gafas de seguridad en estas tareas y así evitaremos las irreparables lesiones a la vista.

Cuestionario 8

1.- ¿Qué es la Legionella?

2.- ¿Cómo se contagia? ¿Se contagia por beber agua contaminada o alimentos?

3.- ¿Se puede contagiar de una persona a otra?

4.- ¿Hay personas con más riesgo de enfermar?

5.- ¿La legionelosis puede afectar a los niños y las niñas?

6.- ¿Qué síntomas produce la infección por Legionella?

7.- ¿Existe tratamiento para la legionelosis?

8.- ¿Habitualmente hay casos de legionelosis?

9. ¿Qué es un brote de legionelosis?

10.- ¿Cómo se sabe si un paciente nuevo de legionelosis está relacionado con el brote?

11.- ¿Existe riesgo en estos momentos en la zona centro de Zaragoza?

12.- ¿Qué medidas de control se llevan a cabo?

13.- ¿Tengo riesgo con el aire acondicionado de mi casa?

14.- ¿Qué se puede hacer en el domicilio para evitar riesgo de contaminación por legionela?

Las 10 normas básicas para el cuidado de la espalda

- Manténgase activo.
- Evite mantener tiempo prolongado una postura fija.
- Mantenga la espalda recta, evitando doblarla hacia adelante
- Controle su peso
- Evite Fumar
- Cuando tenga que permanecer de pie coloque una extremidad en un escalón
- Evite al máximo utilizar zapatos de tacón alto
- Acérquese las cargas al cuerpo
- Siempre se debe preferir empujar a arrastrar
- Utilice ayudas mecánicas

Cuestionario 9

1. ¿Cada cuánto tiempo se realizará la purga de fondo del acumulador según el RD 865/2003?

    A. Mensualmente.

    B. Bimensualmente.

    C. Semanalmente.

    D. Ninguna es correcta.

2. En instalaciones térmicas de edificios, ¿Se pueden utilizar combustibles sólidos de origen fósil?

    A. Si.

    B. No desde el 1 de enero de 2012.

    C. Si hasta el 1 de enero de 2020.

    D. Ninguna es correcta.

3. ¿Cuáles son las características organolépticas del agua según el RD 140/2003?

    A. No tiene.

    B. No aplica ese RD.

    C. PH y nivel de Cl residual libre y total.

    D. Olor, sabor, color y turbidez.

4. ¿Cuál es la temperatura del crecimiento de la Legionella?

    A. Entre 35 y 37°C.

    B. Entre 25 y 30°C.

    C. Hasta 100°C.

    D. Por debajo de 20°C.

5. ¿Cuál es el nivel mínimo de cloro residual libre en una instalación de agua fría?

    A. 0,002 ppm.

    B. 0,02 ppm.

    C. 2 ppm.

    D. 0,2 ppm.

6. En el recuento de Legionella ¿Qué significan las siglas UFC?

    A. Ninguna es correcta.

    B. Unidades de formaldehídos compuestos.

    C. Units Find Colorimeter.

    D. Unidades formadoras de colonias.

7. ¿Cuál será la separación entre una BIE y la más cercana a ésta?

    A. 50 metros.

    B. 25 metros.

    C. 15 metros.

    D. 5 metros.

8. ¿Cuál será la distancia máxima desde cualquier lugar hasta la BIE más cercana?

    A. 25 metros.

    B. 50 metros.

    C. 15 metros.

    D. 5 metros.

9. ¿A partir de que potencia es necesario proyecto en una instalación térmica?

    A. 100 kW.

    B. 1000 kW.

    C. 70 kW.

    D. 700 kW.

10. Según el RITE ¿Cuáles son las temperaturas operativas en invierno y en verano?

    A. Invierno 19º - 22ºC, verano 24º - 30ºC.

    B. Invierno 21º - 23ºC, verano 18º - 23ºC.

    C. Invierno 24º - 26ºC, verano 23º - 25ºC.

    D. Invierno 21º - 23ºC, verano 23º - 25ºC.

11. ¿Qué calidad debe tener el aire interior según el RITE en un hospital?

    A. ida4.

    B. ida3.

    C. ida1.

    D. ida2.

12. ¿Cuándo considera el RITE que una sala de máquinas es de riesgo alto?

    A. Cuando trabaja con agua a T ≥ 120ºC.

    B. Cuando trabaja con agua a T ≥ 110ºC.

    C. Cuando trabaja con agua a T ≥ 140ºC.

    D. Cuando trabaja con agua a T ≥ 200ºC.

13. ¿Qué es la legionelosis?

    A. Una enfermedad vírica de origen ambiental.

    B. Una enfermedad bacteriana de origen ambiental.

    C. Una enfermedad bacteriana de origen sanitario.

    D. Ninguna es correcta.

14. Un sistema de ACS con acumulación y circuito de retorno, corresponde a una instalación.

    A. De menor probabilidad de proliferación y dispersión de Legionella.

    B. De gran eficiencia energética.

    C. Para pequeñas instalaciones industriales.

    D. De mayor probabilidad de proliferación y dispersión de Legionella.

15. ¿Qué temperatura tendremos que mantener en el acumulador final para evitar la proliferación de la Legionella?

    A. T ≥ 50°C.

    B. T ≥ 70°C.

    C. T ≥ 60°C.

    D. T ≥ 80°C.

Cuestionario 10

1.- ¿Qué es la Seguridad Industrial?

2.- ¿Qué es un Plan de Emergencia?

3.- Defina que es el estudio que se realiza de Análisis de Riesgo.

4.- ¿Qué es un Plan de Respuestas a Emergencias?

5.- ¿Qué es una Norma?

6.- Mencione las características del H_2S.

7.- ¿Qué es el fuego y de qué forma lo podemos encontrar?

8.- ¿Qué Causas pueden provocar un Incendio?

9.- Mencione y Defina las clases de fuego que existen y los materiales que lo componen.

10.- Defina Líquidos Inflamables y flamables.

12.- Defina que es la Temperatura de Ignición (Fire Point)

13.- ¿Cuáles son las principales fuentes de calor?

14.- Explique cuáles son los métodos de extinción del fuego.

15.- Defina que es el Sonido.

16.- Defina que es un Extintor.

25.- ¿Qué es un incendio?

26.- ¿Qué es una espuma?

27.- ¿Qué es el Humo?

28.- ¿Cuáles son los componentes del aire?

29.- ¿Qué es la Temperatura?

30.- ¿Qué es el Calor?

31.- ¿Qué diferencia existe entre una línea de sujeción y una línea de vida?

32.- Defina que es el Ruido.

33.- ¿Cuál es la máxima exposición de ruido permisible en función del nivel sonoro?

34.- ¿Cuáles son los factores de atenuación al ruido que nos proveen los dispositivos de protección?

35.- Defina qué es la Seguridad.

36.- ¿Qué es un Casi – Accidente?

37.- ¿Qué es un Accidente?

38.- ¿Qué es un Área de Riesgo?

39.- ¿Qué es Riesgo?

40.- ¿Qué es un procedimiento?

Seguridad e Higiene Industrial *Ing. Miguel D'Addario*

Glosario de Términos

A

ACCIDENTE: Suceso no planificado, anormal, extraordinario, no deseado que ocasiona una ruptura en la evolución de un sistema interrumpiendo su continuidad de forma brusca e inesperada, susceptible de generar daños a personas y bienes.

ACCIDENTE BLANCO: Accidente en el que no ha habido lesiones, aunque hayan existido pérdidas materiales.

ACCIDENTE CON OCASIÓN: Hace referencia al que ocurre cuando se está haciendo algo relacionado con las tareas.

ACCIDENTE DE TRABAJO: Toda lesión corporal que sufra el trabajador con ocasión o como consecuencia del trabajo que realiza el trabajador por cuenta ajena, así como aquel que se produce durante la ejecución de órdenes del empleador, aún fuera del lugar y horas de trabajo, o durante el traslado de los trabajadores desde su residencia a los lugares de trabajo o viceversa, cuando el transporte se suministre por el empleador.

ACCIDENTE IN ITINERE: Accidente sufrido por el trabajador durante el desplazamiento desde su domicilio al lugar de trabajo o viceversa.

ACCIDENTES SIN BAJA: Accidente en el que las lesiones sufridas no impiden al trabajador el desarrollo normal de su actividad, necesitando tan sólo una leve asistencia médica o unas horas de descanso.

ACCIDENTE SIN INCAPACIDAD: Es aquel que no produce lesiones o que, si lo hace, son tan leves que el accidentado continúa trabajando inmediatamente después de lo ocurrido.

ACLIMATACIÓN: Aumento de la tolerancia al calor o al frío, por adaptaciones fisiológicas, adquirido en el transcurso del trabajo realizado en ambientes calurosos o fríos.

ACTOS INSEGUROS O SUBESTANDARES: Son las acciones u omisiones cometidas por las personas que, al violar normas o procedimientos de seguridad previamente establecidos, posibilitan que se produzcan accidentes de trabajo.

AEROSOLES: Suspensiones de partículas en aire (polvos <0,5 micrones y humos >0,5 micrones) o líquidos en aire (neblinas <0,5micrones y rocíos >0,5micrones).

AGENTES FISICOS: Ruido, vibración, radiaciones ionizantes, radiaciones no ionizantes (Láser, Infrarrojo, Ultravioleta), iluminación.

AGENTES QUIMICOS: Aerosoles, gases y vapores que pueden causar enfermedad profesional.

AGOTAMIENTO POR CALOR: Debilidad muscular y fatiga producidas como consecuencia de una prolongada exposición al calor.

ARNÉS: Conjunto de correas o accesorio mecánico que suprime o disminuye los movimientos del cuerpo provocados por vibración, aceleración o choque.

ASBESTO: Es una fibra compuesta principalmente por sílice y oxígeno, además de calcio, magnesio, hierro y sodio.
Sus efectos pueden dividirse en no malignos y malignos.
Entre las formas no malignas, la más notable es una neumoconiosis fibrogénica denominada asbestosis, que parece ser irreversible aún detenida la exposición.
Entre las malignas, un tipo de cáncer propio de las serosas pleurales y peritoneales, denominado mesotelioma: cáncer de rápida evolución y alta mortalidad (meses a un año) asociado al asbesto, a las distintas variedades de fibra indistintamente (anfiboles o serpentines).

ASFIXIANTE: Agentes que actúan desplazando al oxígeno en el aire inspirado (asfixiantes simples) o bloqueando el mecanismo de la respiración celular (asfixiantes químicos).

ASMA OCUPACIONAL: Es una enfermedad caracterizada por una obstrucción reversible y variable de la vía aérea, desencadenada por un agente presente en el sitio de trabajo.

B

BIOMECANICA: Análisis del comportamiento físico mecánico de los sistemas biológicos, como huesos, articulaciones, tendones, ligamentos, músculos, aplicando conceptos como torques, stress, compresión, fatiga, deformación, viscoelasticidad.

BISINOSIS: Enfermedad respiratoria causada por sensibilización alérgica a endotoxinas que contaminan el algodón crudo y que cursa como crisis obstructivas frente al algodón.

BIOAEROSOL: Contaminantes biológicos en el aire, es decir, microorganismos, como virus, bacterias, hongos, protozoos, algas, así como sus metabolitos, unidades reproductoras y materia particulada, asociadas con los microorganismos.

C

CALAMBRES DE CALOR: Espasmos dolorosos en los músculos estriados producidos por un prolongado estrés térmico.

CALOR DE CONVECCIÓN: Es la transferencia de calor entre el cuerpo y el aire ambiente.
Se produce por dos mecanismos simultáneos: Convección cutánea (entre la piel y el aire ambiente).
Convección respiratoria (vías respiratorias y aire inhalado) (Superficie total del cuerpo).

CANCER OCUPACIONAL: En el ámbito ocupacional se han detectado 22 sustancias probadamente cancerígenas. Sin embargo, la cifra de sustancias sospechosas bordea las 200.

Las más importantes son los alquitranes del carbón de hulla, arsénico, asbesto, benceno, cadmio, cromo, níquel y cloruro de vinilo. Se estima que entre el 2% y el 8% de los cánceres son profesionales. Esta cifra proviene de países desarrollados y es muy probable que en países con menor regulación la magnitud sea mayor.

CAPACIDAD DE TRABAJO FÍSICO: Capacidad máxima de oxígeno que una persona puede procesar. Potencia máxima aeróbica.

CARGA DE TRABAJO: Nivel de actividad o esfuerzo que el trabajador debe realizar para cumplir con los requisitos estipulados del trabajo.

CARGA DINÁMICA: Nivel de carga que tiene un trabajo debido a los desplazamientos, esfuerzos musculares y manutención de carga que se realizan en el trabajo.

CARGA ESTÁTICA: Nivel de carga que tiene un trabajo debido a las posturas que debe adoptar la persona y el tiempo que se mantienen.

CARGA TÉRMICA: Cantidad de calor que se desprendería en la combustión total de una determinada cantidad de material.

CIRCUITO DE PROTECCIÓN: Conjunto de elementos conductores utilizados como protección contra las consecuencias de los defectos a tierra.

CLIMATIZACIÓN: Acción y efecto de climatizar, es decir, de dar a un espacio cerrado las condiciones de temperatura, humedad relativa, pureza del aire y a veces, también de presión, necesarias para el bienestar de las personas y /o la conservación de las cosas.

CONATO DE EMERGENCIA: Emergencia que puede ser controlada de forma sencilla y rápida por el personal y medios de protección del local, dependencia o sector.

CONDICIONES IDEALES DE MANIPULACIÓN MANUAL DE CARGAS: Las que incluyen una postura ideal para el manejo (carga cerca del cuerpo, espalda derecha, sin giros ni inclinaciones), una sujeción firme del objeto con una posición neutral de la muñeca, levantamientos suaves y espaciados y condiciones ambientales favorables.

CONTAMINANTE: Cualquier sustancia en el ambiente que a determinadas concentraciones puede ser perjudicial para el hombre, los animales y las plantas.

CONTROL DE RIESGOS: Proceso de toma de decisiones para tratar y/o reducir los riesgos, para implantar las medidas correctoras, exigir su cumplimiento y la evaluación periódica de su eficacia.

D

DECLARACIÓN DE RUIDO: Información cuantitativa de la emisión de ruido de una máquina que ha de suministrar el fabricante.

DERMATOSIS OCUPACIONAL: Toda enfermedad de la piel causada por el trabajo. La forma más frecuente es la dermatitis de contacto, seguida de la dermatitis alérgica. También se deben considerar el cáncer de piel, las infecciones de la piel ocupacionales y otras asociadas a agentes específicos como asbesto, arsénico o dioxinas.

DISPOSITIVO DE ENCLAVAMIENTO: Dispositivo de protección destinado a impedir el funcionamiento de ciertos elementos de la máquina bajo determinadas condiciones.

E

EFECTO DEL TRABAJADOR SANO: Es un fenómeno observado en los estudios de las enfermedades profesionales: los trabajadores suelen presentar unas tasas globales de mortalidad inferior a las de la población general, debido al hecho de que los afectados por enfermedades importantes o incapacitantes son habitualmente excluidos del empleo.

ELECTRIZACIÓN: Circulación de la corriente eléctrica por el cuerpo de una persona, formando parte ésta del circuito, pudiendo, al menos distinguir dos puntos de contacto: uno de entrada y otro de salida de la corriente. Paso de corriente eléctrica a través del cuerpo de una persona (electrización) provocándole la muerte.

ELEMENTOS DE PROTECCION PERSONAL: Equipo destinado a oponer una barrera física entre un agente y el trabajador. La protección puede ser auditiva, respiratoria, de ojos y cara, de la cabeza, de pies y piernas, de manos y ropa protectora.

EMERGENCIA GENERAL: Emergencia para cuyo control será necesaria la actuación de todos los equipos y medios de protección propios y externos. Comportará generalmente evacuaciones totales o parciales.

EMERGENCIA PARCIAL: Emergencia que requiere para su control la actuación de equipos especiales del sector. No afectará normalmente a sectores colindantes.

ENFERMEDAD PROFESIONAL: La contraída a consecuencia del trabajo ejecutado por cuenta ajena en las actividades indicadas en el cuadro de enfermedades profesionales.

EQUIPO DE EMERGENCIA: Conjunto de personas especialmente entrenadas y organizadas para la prevención y actuación en accidentes dentro del ámbito del establecimiento.

EQUIPO DE PRIMERA INTERVENCIÓN (EPI): Equipo cuyos componentes con la formación adecuada acudirán al lugar donde se ha producido la emergencia con objeto de intentar su control en los momentos iniciales con extintores portátiles.

EQUIPO DE PRIMEROS AUXILIOS (EPA): Equipo cuyos componentes prestarán los primeros auxilios a los lesionados por la emergencia.

EQUIPO DE PROTECCIÓN INDIVIDUAL (EPI): Es aquel dispositivo destinado a ser llevado o sujetado por el trabajador para que le proteja de uno o varios riesgos en su puesto de trabajo.

ERGÓMETRO: Instrumento que calcula el trabajo efectuado por uno o varios músculos en un período dado.

ERGONOMIA: Ciencia multidisciplinaria que tiene por objetivo adaptar la realización de un trabajo a las condiciones fisiológicas y psicológicas del individuo, a través de la investigación y la adecuación del puesto de trabajo y su entorno. Sus funciones son: atender y analizar la organización y las condiciones del trabajo, los horarios, los turnos, los ritmos de producción, los descansos y las pausas, el diseño del puesto de trabajo, la comunicación interna, así como las limitaciones físicas y psíquicas de los empleados.
Adecuación entre las distintas capacidades de las personas y las exigencias de las tareas.

Relación entre la persona y su trabajo, equipamiento y entorno; aplicación de conocimientos anatómicos, fisiológicos y psicológicos a los problemas que resultan de esta relación.

ESFUERZO DINÁMICO: Actividad muscular que conlleva movimiento muscular.

ESFUERZO ESTÁTICO: Es aquel esfuerzo en el cual el músculo mantiene una contracción constante. La prolongación en el tiempo de este tipo de esfuerzos da lugar a la fatiga muscular local. Afectan al rendimiento y la productividad y a largo plazo, al bienestar y la salud.

ESTRÉS: Cambios reversibles o irreversibles en el organismo, provocados por un desequilibrio entre las demandas de factores externos (tanto ambientales como psicológicos o sociales) y los recursos que provocan una disminución del rendimiento.

ESTRÉS LABORAL: Es un desequilibrio importante entre la demanda y la capacidad de respuesta del individuo bajo condiciones en las que el fracaso ante esta demanda posee importantes consecuencias. Según esta definición, se produciría estrés cuando el individuo percibe que las demandas del entorno superan a sus capacidades para afrontarlas y, además, valora esta situación como amenazante para su estabilidad.

ESTRÉS TÉRMICO: Agresiones intensas por calor al organismo humano.

F

FALSO NEGATIVO: Pasar desapercibida una señal en una tarea de vigilancia; por ejemplo, cuando no detectamos una señal que ha aparecido.

FALSO POSITIVO: Identificar una señal como presente cuando está ausente. Opuesto a falso negativo.

FATIGA: Disminución de la productividad, del rendimiento o de la capacidad a proseguir una tarea debida a un gasto energético físico o psicológico previo; conjunto de factores que afectan el rendimiento humano.

FATIGA PROVOCADA POR EL TRABAJO: Manifestación general o local, no patológica, de la tensión provocada por el trabajo, que puede ser eliminada completamente mediante el descanso adecuado.

FENÓMENO DE RAYNAUD: También conocido como dedo blanco inducido por vibraciones. Ataques de dedos blancos o pálidos debido a una insuficiente circulación de la sangre como resultado de la vasoconstricción en los dedos causada por exposición a vibraciones. Ataques de dedos blancos debido a una insuficiente circulación de la sangre como resultado de una Vasoconstricción*digital, generalmente, producida por calor o emoción. (Enfermedad primaria de Raynaud, cuando los síntomas de dedo blanco no pueden atribuirse a una causa específica).

FILTRO HEPA (HIGH EFFICIENCYPARTICULATE AIRBONE): Filtros de alta eficiencia, capaces de retener el 99,99% de partículas de 0,3 micrones de diámetro.

G

GAFAS PROTECTORAS: De material plástico o de vidrio coloreado, protegen los ojos de encandilamientos, polvo, partículas, etc.

GOLPE DE CALOR: Estado provocado por un aumento excesivo de la temperatura corporal.

H

HIGIENE INDUSTRIAL: Disciplina que tiene por objeto el reconocimiento, evaluación y control de aquellos factores ambientales o tensiones que se originan en el lugar de trabajo y que pueden causar enfermedades, perjuicios a la salud o al bienestar, incomodidades e ineficiencia entre los trabajadores o entre los ciudadanos de la comunidad.

HUMOS METALICOS: Suspensión en el aire de partículas sólidas metálicas generadas en un proceso de condensación del estado gaseoso, partiendo de la sublimación o volatilización de un metal. A menudo va acompañado de una reacción química generalmente de oxidación. Su tamaño es similar al del humo.

I

INCIDENTE: Cualquier suceso no esperado ni deseado que, no dando lugar a pérdidas de salud o lesiones a las personas, pueda ocasionar daños a la propiedad, equipos, productos o al medio ambiente, perdidas de la producción o aumento de las responsabilidades legales.

INCIDENTE CRÍTICO: Acontecimiento importante cuya causa y consecuencias aparentes son detectables.

ÍNDICE DE INCIDENCIA: En año, representa el número de accidentes anuales por cada mil personas expuestas.

INVALIDEZ: Es el estado en que se encuentra un trabajador derivado de un accidente de trabajo o enfermedad profesional, que produzca una incapacidad, presumiblemente de naturaleza irreversible, aun cuando deje en el trabajador una capacidad residual de trabajo que le permita continuaren actividad.

L

LÍMITE TOLERABLE: Nivel de exposición a un estímulo o toxina suficientemente corto para no provocar sintomatologías en el sujeto.

LUMBAGO: Dolor lumbar, es experimentado alguna vez en la vida por tres de cada cuatro personas. Existen factores individuales (pese a las apariencias, el sobrepeso no parece ser un factor individual en lumbago) y de envejecimiento asociados al lumbago y lumbociática. Por lo demás, enfermedades no ocupacionales de tipo infecciosas, visceral, metabólicas, neoplásicas y tumoral pueden causar un lumbago.

Sin embargo, factores laborales como manipulación de carga, posturas anómalas (flexión de tronco o rotación) y vibración, son una causa demostrada de lumbago, por lo cual la consideración del lumbago como una enfermedad ocupacional y no un mero accidente del trabajo, resulta un hecho a tener en cuenta en el diagnóstico.

M

MEDICINA DEL TRABAJO: Es una disciplina que, partiendo del conocimiento del funcionamiento del cuerpo humano y del medio en que éste desarrolla su actividad, en este caso el laboral, tiene como objetivos la promoción de la salud (o prevención de la pérdida de salud), la curación de las enfermedades y la rehabilitación.

N

NEUMOCONIOSIS: Enfermedad crónica de los pulmones como consecuencia de la inhalación de diversos tipos de polvo. Es posible separarlas en dos tipos:

-Colagenosas: Alteración permanente o destrucción de la arquitectura. Reacción estromal colagenosa de grado moderado a máximo, cicatrización permanente del pulmón. Las formas colagenosas pueden ser a causa de polvos fibrogénicos (sílice, asbesto, talco) o polvos no fibrogénicos (carbón).

-No Colagenosas: la arquitectura tisular permanece íntegra. La reacción estroma es mínima y consta principalmente de fibras reticulina. La reacción al polvo es potencialmente reversible (estañosis baritosis).

NEUROTOXICIDAD: El sistema nervioso puede ser afectado por diversos agentes neurotóxicos: Gases como el monóxido de carbono, dióxido de carbono, ácido sulfhídrico, cianuro y óxido nitroso son asfixiantes de efecto agudo. Los metales pesados como plomo, mercurio, manganeso y aluminio producen un deterioro de funciones cognitivas. Otros agentes a considerar son: monómeros como la acrilamida, acrilovinilo, disulfuro de carbono, estireno y viniltolueno; solventes como hidrocarburos clorados, cloruro de metileno, tolueno, xileno; y pesticidas.

Estos agentes poseen efectos de variado tipo: pueden provocar alteraciones comportamentales como sicosis aguda o depresión; trastornos de la conciencia, encefalopatía convulsiva, coma; trastornos cerebelosos como ataxia, rigidez, anomalías posturales; o neuropatía periférica motora, sensorial o mixta, por daño de los axones neuronales o de las vainas de mielina.

NIVEL DIARIO EQUIVALENTE: Es aquel nivel de ruido equivalente normalizado para 8 horas de jornada de trabajo.

NORMA DE SEGURIDAD: Directriz, orden, instrucción o consigna que instruye al personal sobre los riesgos que pueden presentarse en el desarrollo de una actividad y la forma de prevenirlos.

O

OBSERVACIONES PLANIFICADAS DEL TRABAJO (OPT): Técnica que permite controlar con mayor énfasis las actuaciones de los trabajadores en el desempeño de sus funciones en relación a la seguridad para asegurar que el trabajo se realiza de forma segura y de acuerdo a lo establecido.

OMS: Organización Mundial de la Salud.

OPERADOR FICTICIO O FANTASMA: Operador que observa o controla un dispositivo equivalente al del operador activo, pero no conectado al órgano de mando.

P

PREVENCIÓN DE RIESGOS LABORALES: Es la disciplina que busca promover la seguridad y salud de los trabajadores mediante la identificación, evaluación y control de los peligros y riesgos asociados a un proceso productivo, además de fomentar el desarrollo de actividades y medidas necesarias para prevenirlos riesgos derivados del trabajo.

PRL: Siglas con que se conoce la Prevención de Riesgo Laboral.

PROTECCION RESPIRATORIA: Acción de impedir la penetración de contaminantes químicos por vía respiratoria al organismo, mediante una serie de elementos de filtraje y/o retención. Los equipos de protección respiratoria se clasifican en Equipos Dependiente e Independientes del medio ambiente.

Los Dependientes son aquellos en que el usuario respira el propio aire que le envuelve, previa purificación de éste.

Los Independientes son aquellos en que el aire que respira el usuario no procede del medio donde se encuentra éste, sino que es preciso una fuente de aportación del aire en condiciones de ser inhalado.

PRODUCTO NOCIVO: Aquel que, por inhalación, ingestión o penetración cutánea, puede entrañar riesgos de gravedad limitada.

PRODUCTO TÓXICO: Aquel que, por inhalación, ingestión o penetración cutánea, puede producir riesgos graves, agudos o crónicos, o incluso la muerte.

PROTECTOR AUDITIVO: Son equipos de protección individual que, debido a sus propiedades para la atenuación del sonido, reducen los efectos del ruido en la audición, para evitar así un daño en el oído.

PSICOSOCIOLOGÍA DE LA PREVENCIÓN: Estudia los factores de naturaleza psicosocial y organizativa existentes en el trabajo, que pueden repercutir en la salud del trabajador.

R

RIESGO LABORAL: Todo aquel aspecto del trabajo que tiene la potencialidad de causar un daño.

RADIACIÓN IONIZANTE: Radiación que ioniza los átomos de la materia con la cual interacciona (produce partículas con carga). Las más frecuentes son: radiación alfa, beta, gamma y rayos X. Producen alteraciones en las células y tejidos del organismo.

RESIDUO CITOTÓXICO: Residuo compuesto por restos de medicamentos citotóxicos y todo material que haya estado en contacto con ellos, que presenten riesgos carcinogénicos, mutagénicos o teratogénicos.

RESIDUO MUTAGÉNICO: Se aplica a sustancias o preparados que por inhalación, ingestión o penetración cutánea puedan producir defectos genéticos hereditarios o aumentar su frecuencia.

RESIDUO SANITARIO: Todo residuo cualquiera que sea su estado, generado en un centro sanitario, incluidos los envases, y residuos de envases, que los contengan o los hayan contenido.

RESIDUOS PELIGROSOS: Recipientes y envases que los hayan contenido, los que hayan sido calificados como peligrosos por la normativa comunitaria y los que pueda aprobar el Gobierno.

RIESGO LABORAL: La posibilidad de que un trabajador sufra un determinado daño derivado del trabajo. Para calificar un riesgo desde el punto de vista de su gravedad, se valorarán conjuntamente la probabilidad de que se produzca el daño y la severidad del mismo.

RIESGO LABORAL GRAVE E INMINENTE: Aquel que resulte probable racionalmente que se materialice en futuro inmediato y pueda suponer un daño grave para la salud de los trabajadores.

RIESGO NO TOLERABLE: Probabilidad alta y de consecuencias extremadamente dañinas, de que un trabajador sufra una determinada lesión derivada del trabajo.

RIESGO TOLERABLE: Probabilidad baja y de consecuencias dañinas; o probabilidad media y de consecuencias ligeramente dañinas, de que un trabajador sufra una determinada lesión derivada del trabajo.

S

SALUD OCUPACIONAL: Disciplina que tiene por finalidad promover y mantener el más alto grado de bienestar físico, mental y social de los trabajadores en todas las profesiones; evitar el desmejoramiento de la salud causado por las condiciones de trabajo; protegerlos en sus ocupaciones de los riesgos resultantes de los agentes nocivos; ubicar y mantener a los trabajadores de manera adecuada a sus aptitudes fisiológicas y sicológicas; y en suma, adaptar el trabajo al hombre y cada hombre a su trabajo.

SEGURIDAD OCUPACIONAL: Estudio específico de los factores de seguridad en sectores profesionales específicos: minería, submarinismo, etc.

SEÑALIZACIÓN DE SEGURIDAD Y SALUD EN EL TRABAJO: Señalización que, referida a un objeto, actividad o situación determinadas, proporcione una indicación o una obligación relativa a la seguridad o la salud en el trabajo mediante una señal en forma de panel, un color, una señal luminosa o acústica, una comunicación verbal o una señal gestual, según proceda.

SILICOSIS: Variedad de neumoconiosis fibrinogénica muy frecuente en trabajadores expuestos a polvos de roca (minería), que provoca incapacidad por fibrosis pulmonar e insuficiencia respiratoria.

SÍNCOPE POR CALOR: Colapso con pérdida de conciencia durante una exposición al calor.

SÍNDROME DE ADAPTACIÓN GENERAL: Descripción de las tres fases de la reacción defensiva que establece una persona al percibir estrés. Estas fases se denominan: alarma, resistencia y agotamiento.

SINDROME DEL TUNEL CARPIANO: Es una lesión por compresión o edema local o sustracción vascular al nervio mediano en el canal del carpo por una actividad de los tendones flexores superficiales y profundos de los dedos.

El síndrome del Túnel Carpiano produce un cuadro de hormigueo, quemadura, dolor en la zona del pulgar, índice y dedo medio. Son de utilidad diagnóstica los signos de Phalen, en que se realiza una maniobra para tratar de reproducir las molestias durante un minuto y de Tinel, en que se busca producir una irritación mediante una percusión en la zona del túnel carpiano.

SÍNDROME DE LA VIBRACIÓN MANO-BRAZO: El conjunto de signos y síntomas (neurológicos, vasculares y musculoesqueléticos) asociados con trastornos producidos por la vibración transmitida a la mano.

SINIESTRALIDAD EFECTIVA: La constituyen las incapacidades (días perdidos e invalidez) y muertes provocadas por accidentes del trabajo y enfermedades profesionales.

SOBRECARGA CUALITATIVA: Situación en la que una persona siente que carece de la capacidad o destreza necesaria.

SOBRECARGA CUANTITATIVA: Situación en la que una persona siente que tiene demasiadas cosas que hacer o que no cuenta con suficiente tiempo para terminar un trabajo.

T

TENDINITIS: El compromiso de la estructura tendinosa de los conglomerados musculares se asocia a posturas sostenidas y a repetición de movimientos, básicamente por isquemia de regiones que son pobremente vascularizadas y que irrigan a través de estructuras adyacentes. La denominación corriente de tendinitis para estas enfermedades es un nombre equívoco, porque la lesión anatómica no es un proceso inflamatorio, sino de cambios degenerativos y proliferativos en la estructura anatómicas y porque una gran parte de las lesiones no se reducen al tendón.

TENOSINOVITIS (o tendosinovitis, o tendovaginitis): Inflamación aguda o crónica de la vaina de los tendones de la muñeca.

TRASTORNOS MUSCULO: Un conjunto de enfermedades reconocidas desde hace mucho tiempo como ocupacionales, que afectan a los músculos y estructuras anexas como tendones y vainas. Además, usualmente se incluyen lesiones de la estructura articular como sinovial, cartílago y hueso.
Se incluyen lesiones de las arterias asociados a la vibración (Síndrome por vibración mano brazo, trombosis de arteria radial) y las compresiones de nervios de la extremidad superior producto de movimientos repetitivos (mediano, cubital y radial). Este conjunto de enfermedades se asocia a vibración, movimientos repetidos, fuerzas sostenidas, posturas anómalas y frío.

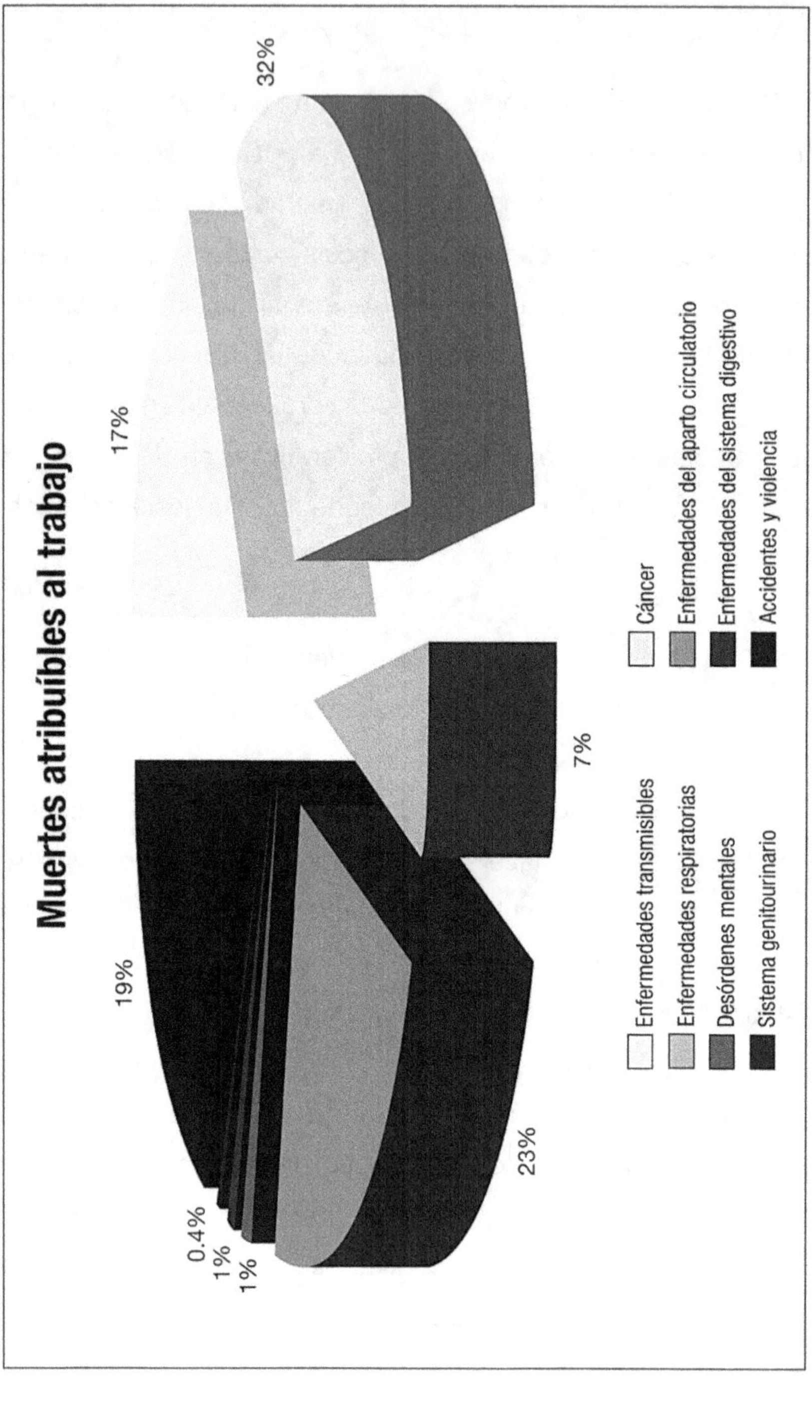

Seguridad e Higiene Industrial *Ing. Miguel D'Addario*

Muertes atribuíbles al trabajo

- 32% Cáncer
- 17% Enfermedades del aparto circulatorio
- Enfermedades del sistema digestivo
- Accidentes y violencia
- 19% Enfermedades transmisibles
- 7% Enfermedades respiratorias
- 23% Desórdenes mentales
- 0.4% Sistema genitourinario
- 1%
- 1%

Fatalidades causadas por accidentes de trabajo y enfermedades relacionadas con el trabajo en las distintas regiones del mundo

- Accidentes y violencia
- Enfermedades del sistema genitourinario
- Enfermedades del sistema digestivo
- Condiciones neuropsiquiátricas
- Enfermedades del sistema circulatorio
- Enfermedades del sistema respiratorio
- Neoplasmas malignos
- Enfermedades transmisibles

Seguridad e Higiene Industrial *Ing. Miguel D'Addario*

Evaluación de riesgos

- Evaluación y control de los riesgos:

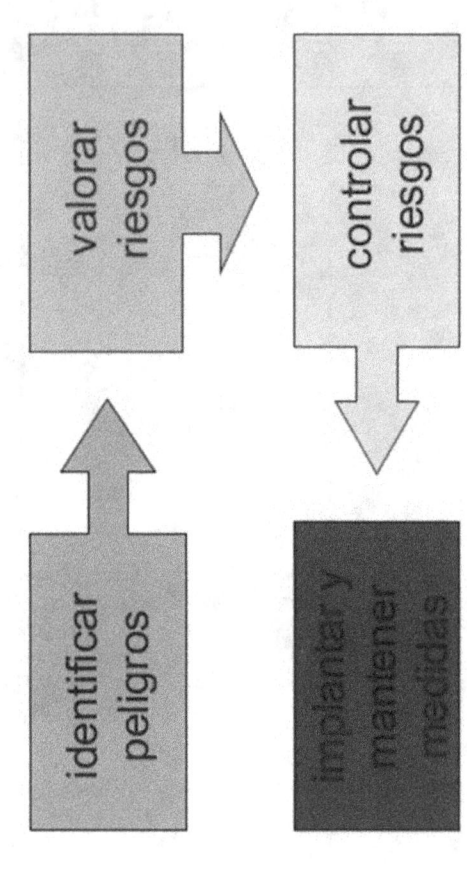

Bibliografía

DENTON, KETH. Seguridad Industrial: Administración y métodos.

HANDLEY, WILLIAM. Higiene en el Trabajo.

LAZO SERNA, HUMBERTO. Seguridad Industrial.

GRIMALDI-SIMONDS. La seguridad industrial: Su administración.

ROBBINS HACKET. Manual de Seguridad y Primeros Auxilios.

CORTES DIAZ, JOSE MARIA. Seguridad e higiene del trabajo.

JANANIA ABRAHAN, CAMILO. Manual de Seguridad e Higiene Industrial.

FUNDACIÓN MAPFRE. Seguridad en el trabajo.

INSTITUTO NACIONAL DE SEGURIDAD E HIGIENE EN EL TRABAJO. Evaluación de las condiciones de trabajo en pequeñas y medianas empresas.

ORGANIZACIÓN INTERNACIONAL DEL TRABAJO. Informe III. Estadísticas de lesiones profesionales.

DEPARTMENT OF ECONOMIC AND SOCIAL AFFAIRS. United Nations (2008). International Standard Industrial Classification of All Economic Activities. Revision 4. New York: United Nations Publication.

INSTITUTO NACIONAL DE SEGURIDAD E HIGIENE EN EL TRABAJO. Colección de Notas Técnicas de Prevención.

INSTITUTO NACIONAL DE SEGURIDAD E HIGIENE EN EL TRABAJO. Evaluación de las condiciones de trabajo en pequeñas y medianas empresas.

INSTITUTO NACIONAL DE SEGURIDAD E HIGIENE EN EL TRABAJO. Investigación de accidentes de trabajo.

Manual de
Seguridad e Higiene Industrial

Fundamentos, aplicaciones, infografías y cuestionarios

Ing. Miguel D'Addario

Primera edición

CE

2019

www.ingramcontent.com/pod-product-compliance
Lightning Source LLC
Chambersburg PA
CBHW070619220526
45466CB00001B/58